考古学研究調査ハンドブック①

花粉分析と考古学

松下まり子

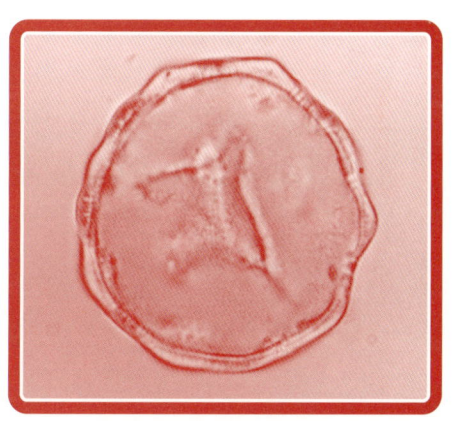

同成社

はじめに

　近年、遺跡の発掘調査が行われる中で、日本各地から多くの花粉分析の成果が報告されてきた。花粉分析の考古学への導入は1950年代に始まり、初出は1952年、堀正一による千葉県加茂遺跡泥炭層の分析であった。その後、藤則夫（1968）は福井県東大寺領道守庄旧耕土の花粉分析によって稲作の起源について報告した。当時の研究テーマのひとつに稲作史の解明があった。イネ科の花粉は形態上区別がむずかしく、花粉粒の大きさによって栽培型と野生型が識別されていたが、中村純（1974、1977）は位相差顕微鏡によってイネの花粉の同定を試みた。さらにイネ花粉の水田内での移動についての観察を行うなど、この分野での大きな進展が見られた。さらに1976～1982年にかけての文部省科学研究費補助金による特定研究「古文化財」では中村純、那須孝悌、安田喜憲、辻誠一郎などを中心に多数の花粉学研究者が参加し、稲作の伝播や古環境に関する成果が上げられた。

　また、1970年代には新幹線、高速道路網の整備、高層ビル建設などの大規模開発に伴い、広い低湿地を対象とする大規模な遺跡発掘が盛んに行われるようになり、1980年代にかけて花粉分析調査が多くの研究者によって積極的に進められるようになった。遺跡調査に伴うものだけではないが、花粉分析に関する文献数は1987年にピークとなり、この年には100件を越える

数となったのである（安田・三好 1998）。

　1990年代以降を見ると発表件数は下降線をたどっているが、今では花粉分析は発掘調査の中でなくてはならないものとして取り上げられるようになっている。

　古来より、人は植物と大きくかかわりながら生きてきた。植物は人にとってなくてはならないものである。人と植物のかかわりの歴史を知ることは考古学の中でも重要な部分を占めるものと思われる。花粉分析は人と自然のかかわりを知るための有効な手段なのである。

　現在では、かつて花粉分析によって解明されてきた稲作史研究はプラント・オパール分析が主流となり、さらにDNA分析などの新しい技術が駆使されるようになった。また、花粉化石だけでなく大型植物遺体や材化石などの他部位の植物化石との相補的な研究や放射性炭素（^{14}C）年代測定と火山噴出物（テフラ）による精細な年代決定などにより、環境と人間活動のかかわりがより詳細に描き出されるようになった。

　私は、これまで主に花粉分析を手段として植生史の研究を行ってきた。植生の変遷は主に気候によって規定される。しかし、縄文時代以降現在に至るまでの植生は、人間の影響を抜きには考えられない。私は、照葉樹林域のフィールドを歩き、海底や湖底の堆積物を採取したり、低地のボーリング調査などを行ってきた。また、兵庫県下を中心に遺跡の発掘調査にも関わってきた。この本は花粉分析のマニュアルを中心とした概説書であるとともに、これまでに行われた花粉分析による調査研究例

をいくつか取り上げ、具体的に花粉分析によって何がわかるのかを紹介した。しかし、実際には、数々の調査の中には成果が得られなかったものもあった。これらの体験してきた調査分析を中心に時々のエピソードなどを交え、できるだけわかりやすく、そして、発掘調査の現場で役立つよう書くことに努めた。これからも発掘に携わる研究者と植物研究者がフィールドをともにし、「何が知りたいのか」その目的を話し合い、調査を進めていくことができたら、そして、本書がそのときのハンドブックとなれば望外の喜びである。

 2004年7月

松下まり子

目　　次

　　はじめに　1

Ⅰ　考古学と植物学……………………………………………9
　　1　人と植物のかかわり　9
　　2　考古学にかかわる植物の研究領域　11
　　3　植物遺体　12
　　4　植物遺体群の産出状況　15

Ⅱ　花粉分析……………………………………………………17
　　1　パリノロジー　17
　　2　花粉分析とは　17
　　3　花粉分析の歴史　19

Ⅲ　花粉・胞子の形態…………………………………………27
　　1　花粉・胞子の役割　27
　　2　形態　30

Ⅳ　花粉の生態…………………………………………………39
　　1　花粉の生産量　39
　　2　花粉の散布　40
　　3　花粉の運搬と堆積　42
　　4　花粉の保存性　43

Ⅴ　花粉分析の実際……………………………………………47

1　試料の採取と保存　47
　　　2　室内での分析処理法　55
　　　3　現生花粉標本の作成　68
　　　4　単体標本の作成　69
Ⅵ　花粉分析による調査研究 ………………………………71
　　　1　花粉分析で何を知るか　71
　　　2　植物群・植生の復元　71
　　　3　人間活動を知る　82
　　　4　稲作史研究に対する花粉分析の寄与　94
Ⅶ　自然科学調査の総合化 …………………………………101
　　　1　兵庫県の場合　101
　　　2　垂水・日向遺跡での自然科学調査の取り組み　102
　　　3　垂水・日向遺跡での植物化石結果のまとめ
　　　　　─縄文後・晩期層を例にして　104
Ⅷ　情報公開 …………………………………………………113
　　　1　保存と公開　113
　　　2　関連学会・刊行物とデータベース　118
　参考文献　123
　おわりに　133

花粉分析と考古学

I 考古学と植物学

1 人と植物のかかわり

　人間が住むところには必ず植物が存在し、その植物たちは森林や草原といった景観を形成している。そして、人間はさまざまな形で、それらの植物を利用して生きてきた。縄文時代にはドングリ類やクルミ、トチノキなどの堅果類が食料として利用されたし、弥生時代以降には稲作農耕によって米が生産され、畑作物も栽培されるようになった。そして、森の樹木は日用品や農耕具などの道具類や建築材・土木材などに利用された。また燃料確保のために伐採された森林は二次林化し、アカマツ林やコナラ林などの薪炭林として維持・管理され里山が形成された。

　ところで、植物は光合成を行っている。植物は自ら光エネルギーを利用して大気中の二酸化炭素（炭酸ガス）と水から有機物質である糖を合成することができる。そして炭酸ガスと同じだけの酸素ガスを放出している。

$$CO_2 + H_2O \xrightarrow{光エネルギー} [CH_2O] + O_2$$
炭酸ガス　　水　　　　　　　　　　炭水化物　　　酸素ガス

　植物は地球の生態系の中で人間を含めた動物に対してエネルギーと酸素を供給する生産者である。また、分解者として位置づけられている菌類や土壌微生物に対して分解の素材を提供している。このように、植物は生態系の中で重要な位置を占めている。人間はまた生態系の一員であり、生きていくために植物と深くかかわらなければならない。そのかかわりの歴史はどのようなものであったのであろうか。考古学は人間の生活の歴史を明らかにするものであるから、人と植物とのかかわりについての調査研究は考古学の中でも大きな部分を占めるはずのものである。

コラム1　里山

　「里山」という言葉は1966（昭和41）年、京都大学名誉教授の四手井綱英氏が学会誌「北方林業」で使用したのが始まりである。氏によれば「里山」は林学で用いられる「農用林」と同義語で、農家の近くに広がる丘陵や低地にみられる薪炭やたい肥、木材などを生産する樹林を指している。おもにコナラやクヌギなどの雑木林、アカマツ林などの人の管理のもとに成立する樹林である。里山を構成する樹林はほとんどが人為影響を受けた二次林であるが、奥山には自然林が分布しており、必要な樹種をそこから伐採し利用していたものと思われる。このような自然林（原生林）にもやがて伐採の手が進み、また風水害や山火事などによっても破壊され、二次林が徐々に拡大していったのである。現在では燃料

> 革命や化学肥料の普及によりこのような里山はほとんど消滅しているが、周辺のスギ・ヒノキの植林や神社や寺に残された鎮守の森、竹やぶなど、人里近くのさまざまな植生を含めた複合体を指し、景観や生物多様性の保全、健康・リクレーション、温暖化防止などの環境機能が期待されている。

2　考古学にかかわる植物の研究領域

　考古学にかかわる植物の研究領域は植物学のなかの形態・分類学、生態学などをはじめ、林学、育種学、作物学、土壌学等の農学、さらに地理学、地質学、古生物学、保存科学、建築学等の周辺分野に及んでいる。研究目的が多様であり、扱う植物の部分によっても調査・分析手法が異なっているため、多方面の研究者に及ぶことになる。考古学における植物遺体へのかかわりは、食料や木製品等の原材料としての種類の同定からはじまり、稲作史や生業の復元、植生変遷など環境と生活の復元に関する研究へと広がり、さらに現在では遺跡とその周辺の生態系復元や、年輪による暦年代の決定、さらにはDNA分析による品種の決定など分子レベルでの技術を駆使するようになった。さらに材の腐朽に関する研究の進展による木製品の保存処理や、木材工学の立場からの建造物や遺構の復元なども盛んに行われている。

> **コラム2　DNA分析**
>
> 　考古遺跡から出土する植物遺体にはよい状態のDNAが保存されているものがある。植物遺体のDNA分析の技術も向上し、古代の植物栽培の方法や生態系の姿についてより明確にすることができるようになった。たとえば、三内丸山遺跡出土の縄文時代前期のクリの種実集団は遺伝的多様性が低く、人による選抜を受けていたこと、すなわち栽培の可能性が示唆されている（佐藤1998）。また、中国江蘇省草鞋山遺跡（BP6000年）の炭化米のDNA分析などからイネの起源地は従来の説であるアッサム―雲南ではなく、長江の中・下流域だとしている（佐藤 1996）。

3　植物遺体

　ここでいう植物とはコケ植物、シダ植物、裸子植物、被子植物であるが、これに菌類を加えることにする。菌類を含めたのは、とくに花粉分析を行った場合、必ずといってよいほど菌類の胞子が検出されるからである。これは、植物と菌類の大部分の細胞には共通して細胞壁があり、その細胞壁は強靱な物質であるスポロポレニンやキチンからできているからである。

　植物は根・茎・葉・花、そして種子・果実といった部分からなり、さらに花粉・胞子や表皮細胞などの微細なものを含み、さまざまな部分から成り立っている。生きているときにはこれらの総体として存在するが、死後植物遺体として発掘現場から検出されるときにはたいてい単一の部分である。種子・果実・

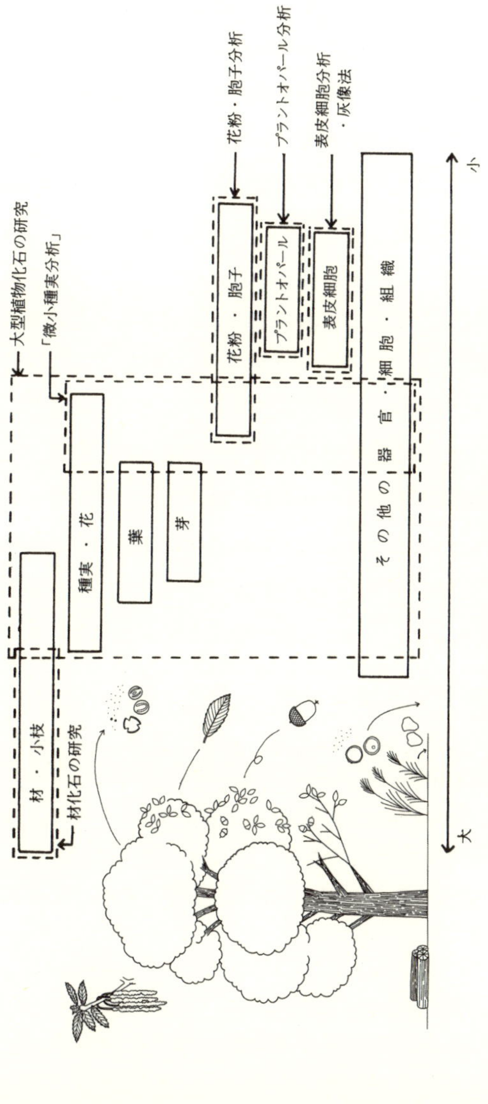

図1 植物遺体の部分と分析法（南木1986より引用・加筆）

葉などを大型植物遺体、根・幹・枝などを材化石、花粉・胞子、プラント・オパールなどを微化石とよび、それぞれに対応する分析法がある（図1）。遺跡で出土する大型植物遺体にはドングリ類やクルミ、モモの核、クリ、トチノキの果皮など食料として利用されたものや炭化米などがしばしば報告されるが、このほか実体顕微鏡によらなければ観察できない小さな種実類なども堆積物の中から多量に検出され多くの情報をもたらしてくれる。木材としては加工木、木製品、建築材、薪炭材など人によって利用されたものとともに自然の流木や立ち株などがある。さらに顕微鏡で観察しなければならないのが花粉・胞子などの微化石である。大型植物遺体、材は人間の植物利用の実態を知る直接的な材料であり花粉・胞子はおもに周辺の植生環境を知る材料となる。これらの植物遺体は相補って研究されるものであり、何を知りたいかを明確にして調査・分析を進めることが重要である。

コラム3　スポロポレニン

　花粉・胞子は酸素の供給の少ない還元条件下で、数百万年といった年月を化石として残ることができる。ゼッチェ（Zetzshe, F.1928）らは生の花粉・胞子をアルカリで煮沸し、アルカリ不溶性の部分にさらに強酸を加えて加水分解させ、最後にアルカリにも酸にも不溶の物質を得た。この物質に胞子の場合は sporonine、花粉の場合は pollenine という名を与え、後に区別せず sporopollenine（スポロポレニン）とよぶことにした。スポロポレニンは炭素・水素・酸素からなるテルペン（植物性揮発油中の炭水化物の一種）に似た物質であり、化学的に非常に安定したものである。

> 花粉の外壁はスポロポレニンとセルローズが主成分であり、このように酸・アルカリに強靱な特徴を生かして花粉分析の手法がなりたっている。

4 植物遺体群の産出状況

　植物体は死後、それぞれの部分が拡散・運搬されやがて堆積物にとりこまれる。この運搬から堆積の過程、さらには植物遺体として発掘されるまでの風化や分解などの続成作用を含めて、その全過程を総合的に研究する領域をタフォノミーという。遺跡出土の植物遺体では自然界での運搬・堆積機構とともに人為のかかわり方も十分考慮されなければならない。運搬にかかわる自然の営力はほとんど風または水で、運搬された遺体の堆積の場としては地形的に安定した場所で水域が最もよい条件となる。植物遺体の保存はやや酸性の湿地的環境が最適であるとされている。さまざまな営力を受けて堆積した植物遺体の集団は植物遺体群とよばれる。この遺体群のうち、大型植物遺体と材は比較的現地性を示し、花粉・胞子などはその広い流域からもたらされることが多く、異地性のものと考えられる。

　これらの植物遺体群の産状についても十分把握する必要がある。産状とは産出する層位、堆積物の性質、堆積状態、植物遺体の形状・保存性などである。食料残滓、炭化米、木製品などの産状については比較的とらえやすく出土状況の記録も残され

るが、大型植物遺体や花粉などの試料を採取する際にも、産状の観察は後の考察にとって大きな情報となるので十分行いたい。

コラム4　局地要素と広域要素

　花粉分析の分野では、現地性の強い花粉分類群を局地要素 (local elements)、異地性の強い分類群を広域要素 (regional elements) とよぶことが多い。一般に花粉の生産量や飛散力が大きい分類群は広域要素となり、小さい分類群は局地要素となる。従来の花粉分析は広域的な森林植生の復元を目的とすることが多かったが、限られた地域内の局地的な植生の違いを復元するための方法論も、林内や湿原、池などの表層花粉の調査などによって、模索されている（米林 1990など）。

II 花粉分析

1 パリノロジー

　顕微鏡を用いて観察する微化石の代表が顕花植物の花粉、シダ・コケ植物の胞子であるが、このほか、渦鞭毛藻類の休眠胞子やクンショウモ属などの緑藻類の浮遊性群体や菌類の胞子などがある。これらはパリノモルフとよばれている。ギリシャ語のパルノは「粉をふりまく」の意味でラテン語の pollen（粉）と同系統の語である。1945年、イギリスのハイド（Hyde, H. A.）、ウィリアムス（Williams, D. A.）が palynology（パリノロジー）なる新造語を提案したのである（中村 1967）。花粉・胞子などパリノモルフを総合的に研究する分野がパリノロジーであるが、一般に花粉・胞子が対象となり花粉学という言葉が使用されている。

2 花粉分析とは

　空中に散布された花粉・胞子は地上や水面に落下し、時には流水により池沼や湖、海などの水域に運搬され堆積する。花粉・

胞子の外膜はスポロポレニンという強靭な物質からなるため水湿地や酸性土壌中で化石として保存されやすい。花粉・胞子の形態は植物の種類によって固有なので、これを調べることでそれぞれの母植物を知ることができる。さらにこれらの花粉・胞子の組み合わせから植物群の構成や植生の復元が可能となり、当時の気候や古環境が推定できる。また、花粉・胞子は生産量が多いため、堆積物中に含まれる量が多く、少量の試料で統計学的処理が可能となる。

　一方、分析結果を解釈する際、花粉・胞子化石の形態的な特性をよく理解しなければならない。さらに二次堆積を含む運搬・堆積機構を十分把握することが必要となる。また、花粉・胞子は種類によって形態が固有であるとはいえ、種のレベルで同定可能なものは少なく、多くは属または科の階級止まりである。たとえば、マツの仲間には五葉マツ型のハイマツ、チョウセンゴヨウなどと二葉マツ型のアカマツ、クロマツなどがあるが、花粉ではマツ科単維管束亜属（五葉マツ型）と複維管束亜属（二葉マツ型）の区別が光学顕微鏡レベルでの限界である。また、クスノキ科のように外膜の性質上、化石として残らない群もあり、過去の植物相構成要素が全て化石として発見されるものではない。

3 花粉分析の歴史

花粉分析法の確立

　泥炭から花粉を抽出し、検出された花粉を定量的に処理し、その出現する量比を％で表現したのがストックホルム大学のラーゲルハイム（Lagerheim 1902）であった。これが花粉分析とよぶに値する最初の研究とされている。この研究を受け継ぎ発展させたのがホン＝ポスト von Post とその門下生のエルドマン Erdhman などであった。またエルドマンは1934年に初期の泥炭処理法であった KOH 法に新たなアセトリシス法を考案して付け加え、この方法は現在まで広く世界中の研究者に受け入れられている。花粉分析はスウェーデンで始まり近隣の西欧諸国に伝わり、つづいて世界各国へと広がっていった。

日本における花粉分析

　1928年、ヨーロッパ留学から帰国した京都大学の沼田大学が西欧諸国で広まっていた花粉分析を林学会誌に紹介した。これが日本での花粉分析の始まりである。その後、山崎次男、中野治房、宮井嘉一郎らによって発展していく。一方、東北大学の吉井義次は北欧の花粉分析法を持ち帰り、神保忠男に受け継がれ、堀正一、中村純、嶋倉巳三郎、相馬寛吉、竹岡政治、塚田松雄、德永重元、上野実朗などにより発展していく。中村（1952）は尾瀬ヶ原を中心に本州以南22カ所の花粉分析結果を比較し、

後氷期（約1万^{14}C年前以降）の標準的な花粉帯（R-Ⅰ、R-Ⅰ～Ⅱ、R-Ⅱ、R-Ⅲ）を設定し、森林植生の変化と気候変化をヨーロッパの花粉帯と対比した。

R-Ⅰ ：亜寒帯針葉樹林が現在より降下した時代（寒冷時代）

R-Ⅰ～Ⅱ ：亜寒帯林と下部の温帯林との交代する時代（不安定な時代）

R-Ⅱ ：亜寒帯針葉樹林が現在より上昇した時代（温暖時代）
森林帯は200～300m現在より上昇していた

R-Ⅲ ：亜寒帯針葉樹林がふたたび降下を始めた時代（減暖時代）

その後、塚田によって放射性炭素年代測定による編年、花粉帯の見直しがなされ、R-Ⅲb（人間による森林への干渉帯—アカマツ林時代）が設定された（塚田 1967）。

花粉分析の考古学への導入
〈欧米〉

1900年代の初め、北西ヨーロッパにおいて、考古遺跡の年代を決定するために、花粉化石が用いられはじめた。北欧ではすでに後氷期の花粉変遷にもとづいた花粉帯が確立され、その時代が明らかにされていたのである。イベルセン（Iversen 1941）はデンマークにおける新石器時代の始まりの時期を *Ulmus*（ニレ属）花粉の減少と草本花粉の出現によって決定した。ニレ属

の減少と雑草類の増加は人間の居住によるものであるとした。これは北欧での農業の開始時期を明らかにしたのみならず、人がいかに森林地帯を切り開き、自然植生を改変したかということに言及した資料であった。その後、イベルセンの例に従って、同様のことがヨーロッパ各地で明らかにされ、多くの研究者によって考古学のデータを解明するのに花粉分析が使用されはじめた。トロエルス゠スミス（Troels-Smith 1960）はデンマークの遺跡で花粉と種子を調べ、新石器時代の古環境を復元し、動物の移住が植物組成を変化させたことを報告した。イギリスではディムブレビイ（Dimbleby 1963）が中石器時代の遺跡で、土壌1グラム当たりの花粉数を求めるという新しい手法を用いて、農耕による森林植生の組成変化を説明するデータとした。そして彼は、花粉が遺跡の中に入り、さらに保存されるプロセスを解明することの重要性をあげ、花粉分析を用いて行うテクニックと理論を多くの事例をあげて"The Palynology of Archaeological Sites"（1985）の中で解説している。日本では、『考古遺跡の花粉分析』（齊藤昭訳 1996）として紹介された。

コラム5　ニレ属の減少と農耕牧畜

　ニレ属の減少は北西と中央ヨーロッパの広い地域で同時に起こり、これが花粉帯の境界を決定する基準になっている。このニレ属の減少の原因については論争が続いている。主原因は1）ニレ病原菌の伝播によるニレ属の枯死、2）土壌の悪化、3）気候変化、4）人類による干渉などが考えられているが、4）の説が有力で、ニレ属がセイヨウキヅタ、ヤドリギとともに家畜の飼料と

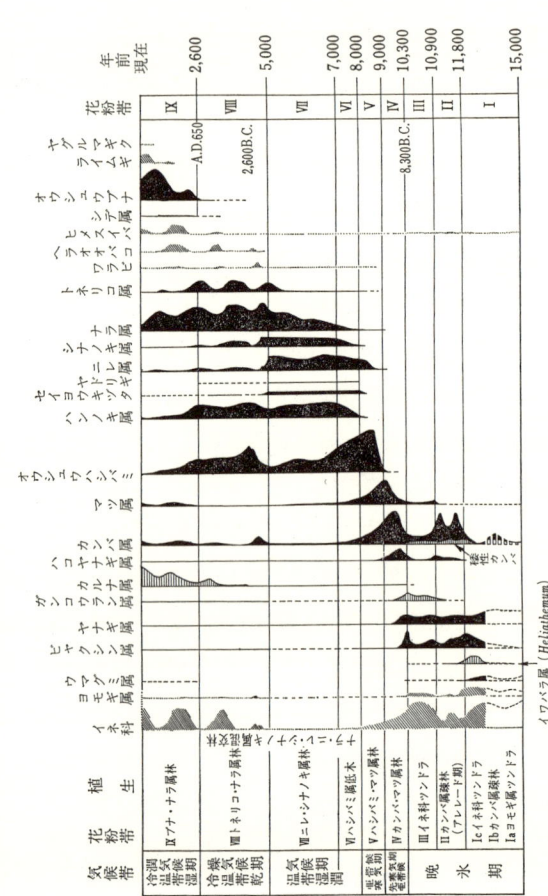

図2 デンマークにおける晩氷期から後氷期の一般化した花粉変遷 5000年前にニレ属の減少と雑草類の増加が見られる（塚田1974bより引用）

> して使用されはじめたためとされている。ちょうどニレ属の減少するところから、イネ科、ヘラオオバコ、ヒメスイバ、ワラビなどの雑草類が増加しはじめていることも農耕牧畜の開始の可能性を示している（図2、塚田 1974）。

1920年代の終わりに北アメリカ大陸に上陸した花粉分析法はウイスコンシン氷河（最終氷期）の跡地を中心としてあっという間に広がったが、花粉分析の考古学への適用は、ゆっくりと進められた。シアーズ（Sears 1932）は北アメリカで考古学に花粉分析を取り入れた最初の研究者の一人であった。彼はホープウェル文化が合衆国東部へ拡大した原因をトウモロコシが成長できる気候への変化であった可能性を示した。その後、シアーズやマーチン Martin、ブライアント Bryant などの研究者によってアメリカ西南地方の乾燥地帯のオープンサイトの調査が続けられ、また一方ではアンダーソン（Anderson 1955）によって洞窟の花粉分析が始められた。さらに、マーチンたちは湖、湿原、遺跡を対象とした統計的なプログラムを用いた研究を始めた。1960年代以来、花粉分析はアメリカ南西部から周辺地域へと、さらに、今日ではヨーロッパその他各国へと広がり、多くの研究が展開されている。塚田も1960年代からアメリカで活躍している一人である（Tsukada and Deevey 1967など）。また、人の排泄物や糞石の分析による当時の食生活や季節の類推をはじめ、医学や儀式に関する情報を花粉分析によって知る研究（Bryant and Williams-Dean 1975など）などが精力的に進

められている。

　なお、欧米における花粉分析についての教科書として Schiffer, M.B.(1983)、Pearsall, D.M.(1989)、Dincauze, D.F.(2000) などがあり、詳細についてはこれらを参照されたい。

〈中国〉

　中国における花粉分析は王・徐（1988）の『第四紀花粉学』などによって知ることができる。1950年代から、考古学の調査に自然科学の方法が取り入れられ、花粉分析は1960年代から行われるようになった。Tsukada（1966a）による台湾の湖底堆積物の花粉分析結果（大理氷河期―沖積世）は早期の中国史を学ぶものにとって重要な研究とされている。

　新石器時代文化の起源は栽培植物の歴史との関連で理解され、植物学と考古学両者での研究が進められた。黄河中流域の代表的な遺跡である西安市半坡遺跡では周（1963）によって花粉分析が行われ、張（1980）は、2つの文化構成からなる地層中の樹木花粉と草本花粉の相対頻度の変化から原始農耕が焼畑耕作であるとした。従来は黄河中流域で発生した仰韶文化が四方に伝播したとされていたが、1970年代に揚子江下流の浙江省余姚県河母渡遺跡において、4つの文化層が発見され、^{14}C年代が半坡遺跡のものとほぼ同じ BC5050年頃とされ、新石器時代は南北ほとんど同時に開始されたことが明らかになった。第4層の住居内に多くの稲の穀粒、茎葉が検出され、当時中国で発見された最も早い栽培種の稲とされた。同時に水性の草本花粉が検出され、動植物遺存とあわせ、この一帯の古環境が復元

されている（中国社会科学院考古研究所 1988）。

　先史時代の発掘が進むにつれ黄河文明と同様に揚子江流域の長江文明が栄えたことがわかり、最近では、日中共同の長江文明学術調査団や縄文文化の源流を探るための共同研究など多くの学術交流が進められている。1990年代には米中の国際合同調査隊により、江西省万年県仙人洞遺跡から栽培化した稲に近いプラント・オパールが他の花粉と混在していることがわかり、中国での栽培稲の起源はほぼ1万年を超えたとされている（徐 1998）。

〈日本〉

　日本での花粉分析の最初の導入は千葉県加茂遺跡泥炭層の研究（堀 1952）である。その後、藤（1968）は福井県東大寺領道守庄旧耕土の花粉分析により稲作の起源について報告した。稲作史の解明については、中村（1974）の位相差顕微鏡によるイネ科花粉の栽培型と野生型の識別やイネ科花粉の水田内での移動の研究により大きな進展がみられた。

　1976〜1982年にかけての文部省科学研究費補助金による特定研究「古文化財」では、中村を筆頭に、畑中、日比野、三好、山中ら多数の花粉学研究者が参加し、稲作の伝播に関する成果が上げられた。また、1970年代から遺跡の発掘調査に伴う花粉分析が那須、安田、辻、守田、前田などによって積極的に進められ、この特定研究「古文化財」によって大きく進展した。この間『花粉は語る』（塚田 1974）、『環境考古学事始』（安田 1980）、『縄文の海と森』（前田 1980）などの普及書によって花粉分析

が広く知られるようになった。また、花粉分析などの分析会社が設立され、考古学研究への協力が行われるようになった。

　現在では大型植物遺体や材化石との相補的研究、放射性炭素年代測定と火山噴出物(テフラ)による年代決定などにより、環境と人間活動のかかわりが時間軸にそってより詳細に描き出されるようになった。これらの事例については、Ⅵ章で述べる。

Ⅲ　花粉・胞子の形態

1　花粉・胞子の役割

　花粉の役割は種子の形成である。花の雄しべにできた花粉が雄しべの葯を離れて雌しべの柱頭に（マツやヒノキのような裸子植物は直接胚珠に）到達する道筋を受粉という。雄しべの葯に生じた胞原細胞は分裂を繰り返して花粉母細胞となり減数分裂を経て4個の細胞がくっついた花粉四分子となる。そして多くのものはそれがバラバラになる。花粉の内部には生細胞と花粉管核が入っており、受粉により雌しべの柱頭に接すると花粉管を伸ばしはじめる。花粉管が伸びている間に生細胞は2つの精核に分裂する。胚珠に到達したひとつの精核は卵核と受精し胚となる。もうひとつの精核は極核と結合し細胞分裂を繰り返し内乳となる。この胚と内乳が種子の主要部分である。このような仕組みを重複受精とよんでいる（図3）。

　シダ・コケ植物は胞子によって繁殖する。胞子体の胞子嚢の中にできた胞子は散布され、適温・適湿の条件下で発芽し、前葉体を形成する。前葉体には普通造卵器と造精器が形成され、それぞれに卵と精子を形成する。精子が地表の水を伝わり造卵

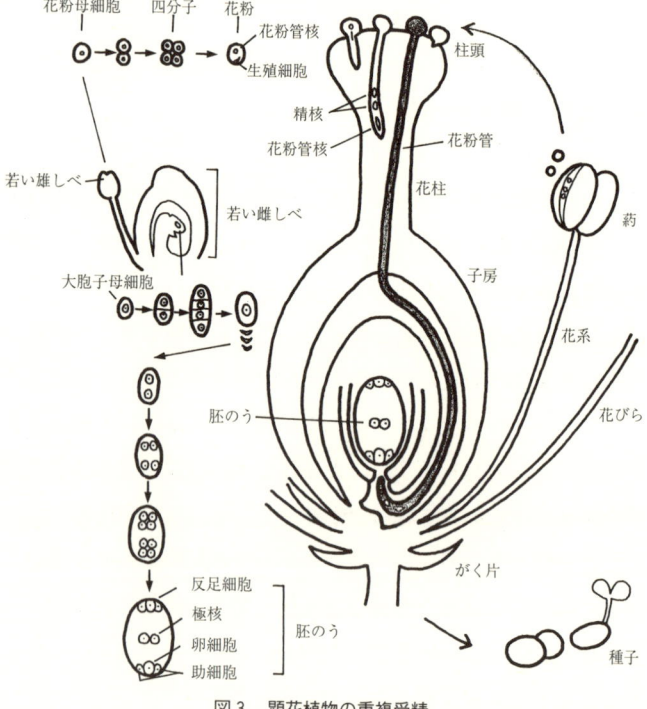

図3 顕花植物の重複受精

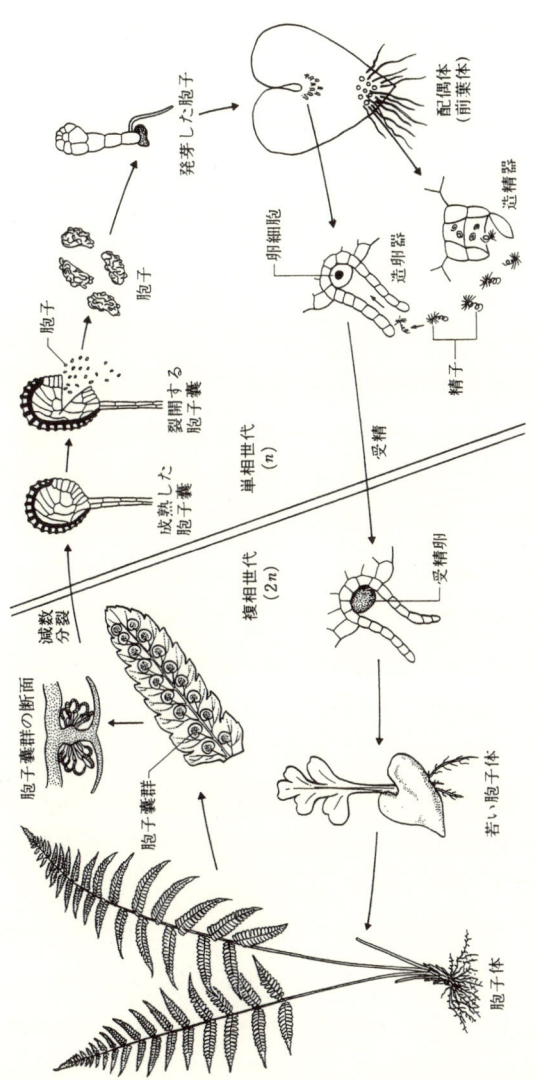

図4 シダ植物の生活環（岩槻1992より引用）

器の卵と合体すると接合体が形成され胚を形成し幼植物となる（図4）。

このように花粉も胞子も生殖にとってなくてはならないものなのである。

2 形態

外形

花粉も胞子も母細胞が減数分裂をして4個の細胞がひっついた四分子となる。四分子期のときに互いに接触している内側の面を向心極面、接触していない外側の面を遠心極面とよんでいる（図5）。

四分子期を経て、ほとんどの花粉は分離し単粒となるが4粒が結合したままの四集粒（ガマ、ツツジ科）、16粒が結合したままのもの（ネムノキ属など）や多数の花粉粒がひっついた花粉塊（ラン科）のものもある。分離して単粒となった花粉のほとんどは、向心極面と遠心極面の形が対称となる。花粉の外形は極軸（polar axis）の長さと赤道軸（equatorial axis）の長さの比（P/E比）によって赤道観像を過長球形から過偏球形までの8段階に区分される（図6、表1）。

花粉の大きさは直径4－5μm（ワスレナグサなど）～200μm（オシロイバナなど）のものまでさまざまであるが多くは20～60μm程度である。色は黄色が多いが、白、緑、赤、黒紫、茶などもある（図7、図8）。

III 花粉・胞子の形態 31

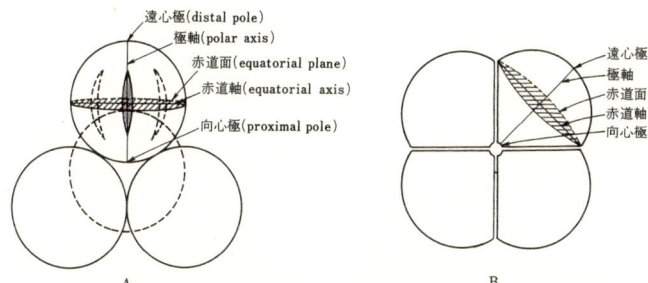

A:四面体型(tetrahedral)配列の場合,B:双同側型(isobilateral)配列の場合.

図5 花粉粒の極性 (花粉学事典1994より引用)

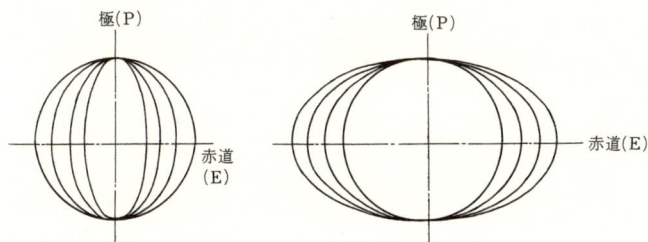

図6 P/E比による赤道観像の区分 (花粉学事典1994より引用)

形の区別				P/E比
過長球形(perprolate)				>2.00(8:4)
長球形(prolate)				2.00(8:4)〜1.33(8:6)
亜球形 (subspheroidal)	亜長球形(subprolate)			1.33(8:6)〜1.14(8:7)
	球形 (spheroidal)	長球状球形(prolate spheroidal)		1.14(8:7)〜1.00(8:8)
		偏球状球形(oblate spheroidal)		1.00(8:8)〜0.88(7:8)
	亜偏球形(suboblate)			0.88(7:8)〜0.75(6:8)
偏球形(oblate)				0.75(6:8)〜0.50(4:8)
過偏球形(peroblate)				<0.50(4:8)

表1 P/E比による赤道観像の区分 (花粉学事典1994より引用)

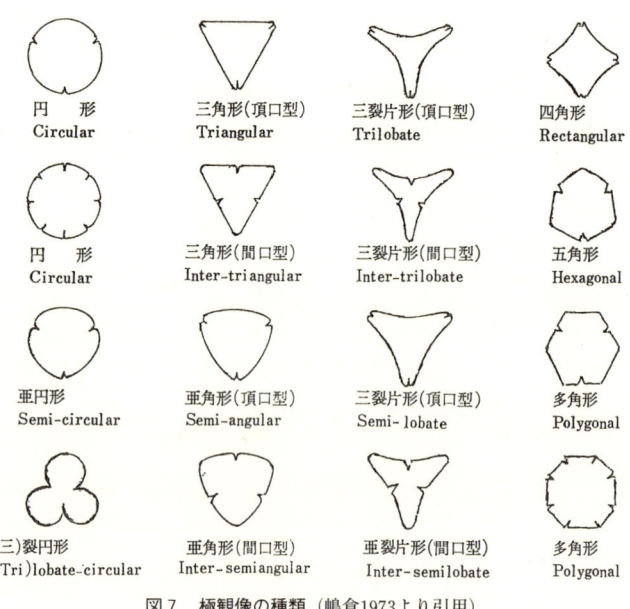

図7　極観像の種類　(嶋倉1973より引用)

III 花粉・胞子の形態 33

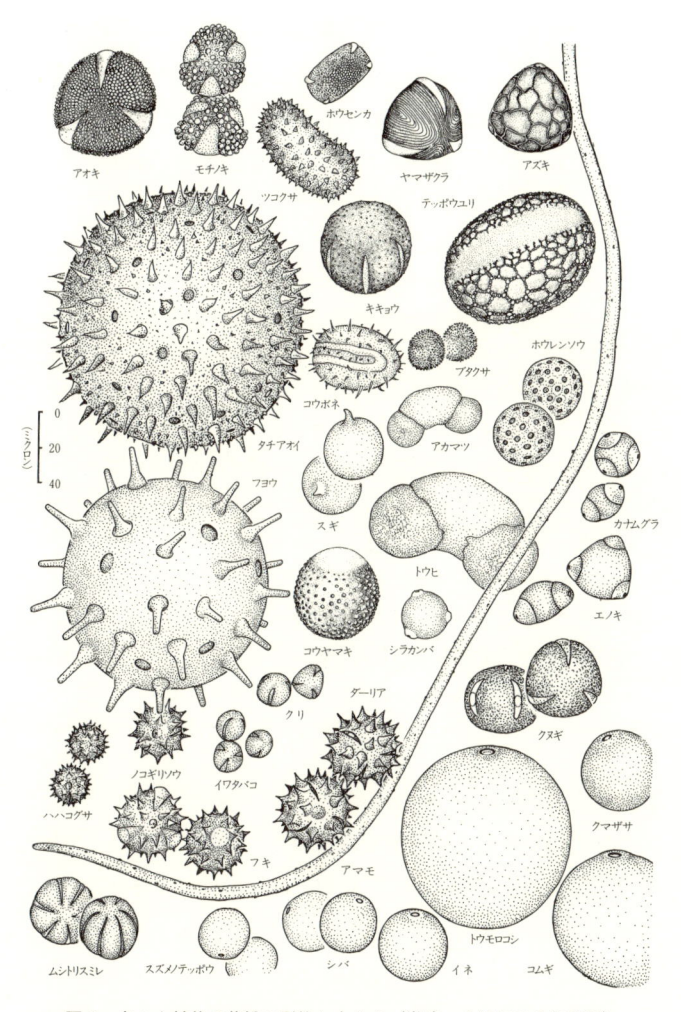

図8 色々な植物の花粉の形態と大きさ（岩波・山田1984より引用）

胞子の場合には、四分子期に胞子が向き合っている内側（向心極面）に条溝とよばれる痕跡ができる。この条溝の数で単条溝型、三条溝型、無条溝型の3つに区分される。胞子では外皮層（周皮；ペリン）が発達するが、普通この層は剥がれて消失してしまう。

> **コラム6　マイクロメーター**
>
> 　顕微鏡下で物体の大きさを測定するにはマイクロメーターを使用する。マイクロメーターには接眼マイクロメーターと対物マイクロメーターとがある。接眼マイクロメーターは接眼レンズの内部に装着するもので円形のガラス板に目盛りがきざまれている。対物マイクロメーターはスライドグラスの中央に1mmを百等分に目盛った小円形ガラス板を貼り付けたもので、1目盛りは10μmである。両マイクロメーターを用いて、あらかじめ接眼マイクロメーターの1目盛りが何μmに相当するかを計算しておく。次に顕微鏡下の花粉など物体が接眼マイクロメーターの何目盛りかを計測することによって、そのサイズを知ることができる。

花粉壁の構造

　花粉壁は基本的には外壁と内壁の2つに分けられる。遺体となって残るのは外壁である。外壁は内層と外層に分けられる。外層は下から底部層、柱状層、外表層、彫紋構成要素の4つに区分される。この外層の構造がそれぞれの花粉の表面模様を決定する（図9）。

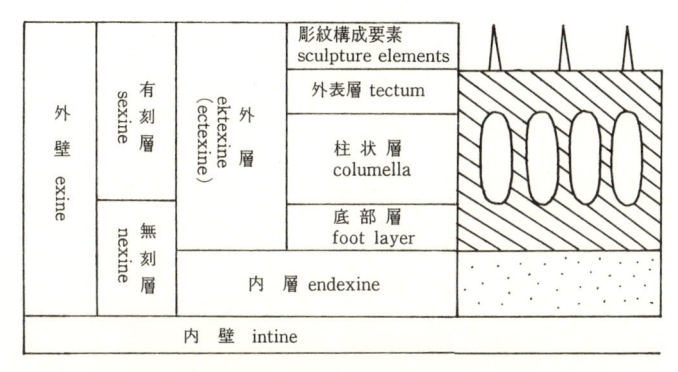

図9 総壁の構造と名称（花粉学事典1994より改変）

発芽口

　花粉は孔か溝あるいは両者の複合した発芽口をもっている。孔又は溝、その数、配列によって花粉型が分類されている。基本的には、孔と溝が赤道に沿って帯状に配列する場合と散在する場合がある。その他、極から極へ螺旋状に配列する合流溝型や小窓状孔型などもある。なお、クスノキ科のように外壁以外の全体が発芽口である全口型は遺体になると外壁がバラバラになり花粉粒として残らないといった特殊な例がある（図10）。

外壁の模様

　花粉はそれぞれ特有の模様をもっている。ほとんどは外層の柱状層、外表層、上部表層突起（彫紋構成要素）の発達に関係する。その模様や構造は光学顕微鏡でのL-O分析（明暗分析）によって観察できる。突起したものに光があたると明るく、下

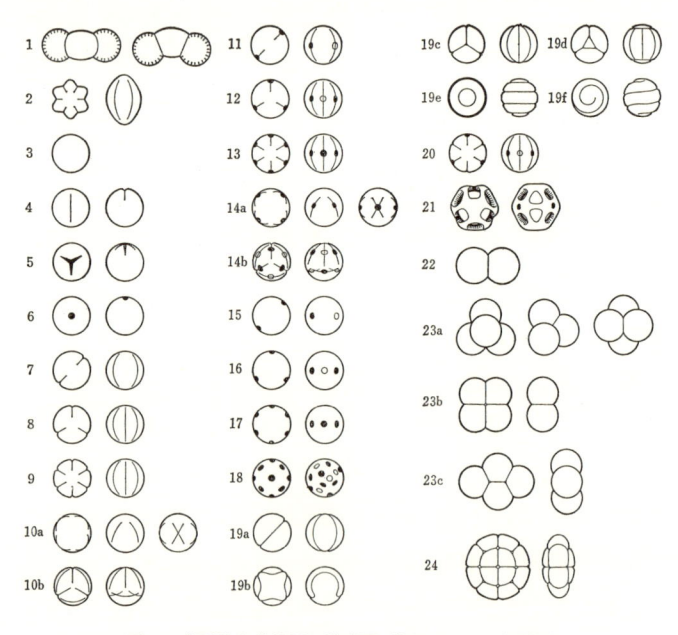

図10 典型的な花粉型の模式図（塚田1974aより引用）
1．気嚢型　2．多折重型　3．無口型　4．単溝型　5．遠心面合流三溝型　6．単孔型　7．二溝型　8．三溝型　9．多環溝型　10a-b．多散溝型　11．二溝孔型　12．三溝孔型　13．多環溝孔型　14a-b．多散溝孔型　15．二孔型　16．三孔型　17．多環孔型　18．多散孔型　19a-f．合流溝型　20．不同溝孔型　21．貫通孔型　22．二集粒型　23a-c．四集粒型　24．多集粒型

III 花粉・胞子の形態 37

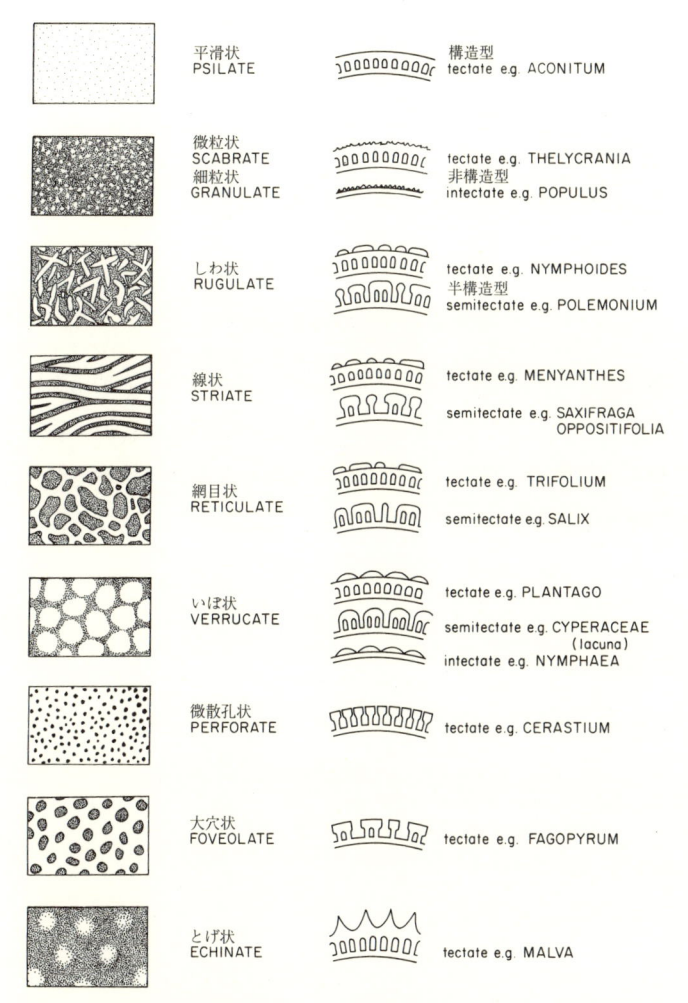

模様	名称	構造	型
	平滑状 PSILATE		構造型 tectate e.g. ACONITUM
	微粒状 SCABRATE 細粒状 GRANULATE		tectate e.g. THELYCRANIA 非構造型 intectate e.g. POPULUS
	しわ状 RUGULATE		tectate e.g. NYMPHOIDES 半構造型 semitectate e.g. POLEMONIUM
	線状 STRIATE		tectate e.g. MENYANTHES semitectate e.g. SAXIFRAGA OPPOSITIFOLIA
	網目状 RETICULATE		tectate e.g. TRIFOLIUM semitectate e.g. SALIX
	いぼ状 VERRUCATE		tectate e.g. PLANTAGO semitectate e.g. CYPERACEAE (lacuna) intectate e.g. NYMPHAEA
	微散孔状 PERFORATE		tectate e.g. CERASTIUM
	大穴状 FOVEOLATE		tectate e.g. FAGOPYRUM
	とげ状 ECHINATE		tectate e.g. MALVA

図11-1 外壁の表面模様と構造（1） 模様は高焦点位置であった部分を明るく表現（Moore & Webb1978より引用・加筆）

	all intectate	非構造型
短乳頭状 GEMMATE	〜〜〜〜〜	e.g. NYMPHAEA
柱状 BACULATE	〰〰〰〰	e.g. LINUM
根棒状 CLAVATE	〰〰〰〰	e.g. ILEX
長乳頭状 PILATE	〰〰〰〰	e.g. MERCURIALIS

図11-2　外壁の表面模様と構造（2）

層は暗くみえる。焦点を上下に連続的に移動しながら明暗を観察するのである。近年では、走査型電子顕微鏡（SEM）、透過型電子顕微鏡（TEM）の発達により微細な模様や構造の観察が可能となった（岩波・山田 1984）（図11）。

Ⅳ 花粉の生態

1 花粉の生産量

　花粉の生産量は種類によってかなりの違いがある。花には受粉を媒介するものによって風媒花と動物媒花がある。風媒花は森林を構成する樹木に多くみられ風まかせで花粉が雌しべまで運ばれ受粉しなければならないため大量の花粉を生産することになる。たとえば、花粉症の原因となるスギやヤシャブシは風によって飛散する花粉が黄色い流れとして肉眼でもみることができるほどである。幾瀬(1965)によるとスギは一花当たり13200個、一花序当たりでは396000個の花粉を生産するとし、一成木当たりとなると天文学的数字になる。風媒花の中でも種類によって生産量に差がみられ、ナラ類やブナでは低く、マツ、ハンノキ、カバノキ等で高い傾向がみられる(中村 1967)。一方、動物媒花は、ハナバチやチョウなどの昆虫や鳥、コウモリなどによって花粉が運ばれ確実に受粉されるため、花粉生産量は比較的少ない。動物媒花は媒介者を呼び寄せるため、美しい花色や香り、蜜を出すなどといった工夫がなされている。このほか、セキショウモやクロモのような水生植物のように水によって受

粉する水媒花がある。

> **コラム7　虫媒花樹種は花粉生産量が少ない？　京都府芦生トチノキ林の場合**
>
> 　一般にトチノキのような虫媒花は風媒花に比べて花粉の生産量が少ないと言われている。一方、花蜜の豊富な樹種には花粉の多い例も指摘されており、齋藤ほか(1990)は、京都府芦生の森で、トチノキ林の花粉と種子の生産量を測定し、オニグルミ、スギ、ミズナラ、アカマツなどとの比較を試みた。調査は6年間、トチノキ林内にリタートラップを仕掛け、落下する種子や花を採取し、林分1ヘクタール当たりのそれぞれの生産量を測定した。花粉量は、開花直前の花を採集して、葯1個当たりの花粉数から1雄ずい、1雄花、1トラップ、そして、1林分と換算した。その結果、1雄花当たり246～321×10^3個、1ヘクタール1年当たり5.29～12.7（9.13）×10^{12}個となった。この値をほかの樹種と比較するとオニグルミ若齢林2.5～7.1×10^{12}（齋藤 1986）、ミズナラ老齢林2.8～7.9×10^{12}（齋藤ほか 1988）、アカマツ若齢林4.4～7.6×10^{12}（Saito & Takeoka 1985）の値より多かった。一方、開花数の年次変動の大きいスギ林0.43～49（3.8～12）×10^{12}（齋藤・竹岡 1987）、ヒノキ壮齢林2.6～37（18）×10^{12}（齋藤・竹岡 1983）の値に比較して少ない傾向がみられた。しかし、平均値でみると大差はなく、1林分当たりの花粉生産量は虫媒花が風媒花のものより少ないという結論は出ないとした。

2　花粉の散布

　風媒花は花粉の生産量が多く、一般的に外層に著しい突起や

粘着性物質がないから広範囲に散布されやすい。花粉分析の対象になる花粉の大半は風媒花粉で、これらの母植物は森林の相観を形成する種であることが多く、樹高が高いためさらに散布範囲が広くなる。風媒花粉の散布距離は数百 km に及ぶものもあるといわれているが、実際には樹木花粉の落下は森林内で最大で、森林から遠ざかるにしたがって低率になる（日比野・安田 1973）。また種類によっても散布距離は異なり、気嚢をもつマツ科針葉樹などは遠距離を飛来する傾向がみられる。

これに対して動物媒花は花粉生産量が少なく外層に著しい突起や粘着性物質を出すため風による散布範囲は狭くなり、検出頻度が低くても過大に評価する必要がある。また、ヤブツバキなどのようにその樹下に花ごと落下するものでは、検出される花粉数が極端に不規則になることがある。

コラム 8　動物（虫）媒花は送粉者との共進化、風媒花は風まかせ

花粉の使命は子孫を残すこと。被子植物の進化の中で、モクレンに代表されるような雄しべと雌しべが露出した原始的な植物から、多様な形態をもつ花が現れてきた。形態だけでなく、花の咲かせ方や花の咲く時期、時間など、花の進化の過程には昆虫などの動物が大きな関わりをもってきた。トチノキは 5 ～ 6 月に葉の茂みの上に円錐形の大きな白い花を咲かせる。花の基部には紅色の斑があり、ミツバチやマルハナバチを誘う。ハチは蜜をもらうかわりに送粉者として受粉の役目をする。トチノキの雄花は開花後短期間で落下してしまう。同じく虫媒花のシイやクリも 6 月頃に白い尾状の花序を葉の茂みの先に延ばし、特有の臭いで昆虫を

誘い受粉する。トチノキやクリ、シイのように大木になる虫媒花樹種は少なく、たいていは林内の低木層を構成している。ヤブツバキのように大きな花に大量の花粉を生産するものでも、その樹下に落下した花粉は林外に搬出される可能性が低いのである。

一方、風媒花樹種はマツ科やスギ科などの裸子植物や尾状花序をつけるブナ科やカバノキ科などである。それらは原始的な花として取り扱われてきた樹種で、受粉は風任せ。花粉生産量が多い上に、樹冠をつくる高木樹種がほとんどで、林外への花粉の飛散力が大きいといえる。

コラム9　南極の花粉

昭和基地の雪中の塵と湖底、海底の堆積物中からマツ科、コナラ属、イネ科、カヤツリグサ科、ナデシコ科、キク科、シダ胞子（単条型、三条型）の8種類の花粉・胞子が検出された。現在南極大陸ではシダ植物はまったく見られず、イネ科のナンキョクコメススキとナデシコ科のナンキョクミドリナデシコが生育しているのみである。その分布地（南極半島の南緯68°以北）からは4000km離れており、マツ科やコナラ属が生育している南アフリカからも4000kmの距離がある。したがってどの花粉・胞子も少なくとも4000km以上離れたところから飛来したものと考えられている（山中 1983）。

3　花粉の運搬と堆積

空中に散布された花粉のあるものは湖沼や河川等の水域に落下する。河川に落下したものはさらに海域へと流下する。水中に浮遊する花粉の組成は空中のそれと類似し、季節性（開花期）

を反映する。しかし、空中花粉の浮遊は6月半ばから7月末で終わる (Hibino 1968) が、河川水中の花粉は冬季でもかなり検出され、とくに降雨時に増加する (Matsushita 1985)。これは、林床、水辺湿地、河床等にいったん堆積した花粉が再移動することを意味している。花粉は水域において湖流・海流や恒流など水の流れに支配されて、運搬されやがて堆積する。水域での花粉は11-44μmのシルト大粒子と挙動をともにするが (松下 1982)、マツ属など気囊をもつ花粉の浮遊力は大きく遠距離を移動する。

4 花粉の保存性

湿地の泥炭や粘土‐シルト堆積物には多数の花粉が含まれている。しかし、暖温帯域の森林土壌中でも、強い酸性を示す土壌においてその保存は良好であり、花粉の保存性は土性や気温より土壌のpH値や乾湿に強く影響を受けていると考えられている (三宅・中越 1998)。また、花粉の保存は外部形態や外壁の厚さと関係があり、機械的変形・破損や化学的分解の程度が種類によって異なることが確かめられている (三宅・中越 1998)。また胞子の保存性は花粉と比較してきわめて良好である。堆積物にとりこまれた花粉は下方移動や土壌動物による撹乱を受けることが普通である。海成堆積物ではしばしば生痕(カニなど海棲動物の巣穴の跡など) が観察され撹乱の様子が見られる。

コラム10　タフォノミー

　花粉の散布・堆積の過程や化石群集の形成過程は West（1973、1977）、辻（1979）、松下（1988）に図示されるように、さまざまで複雑である。ほとんどの場合、花粉は生育域を離れて堆積するので、その散布・堆積の仕組みを十分知ることが必要である。また散布源と堆積域との距離や、散布源や堆積盆の大きさなどで花粉の集積の様子は異なる。大きな湖や内湾における堆積物では周辺の広範囲から遠距離運搬された異地性の花粉群を示すこととなり、小さな池や溝などでは現地性の花粉群を示すことになる。植物遺体群の形成の全過程を総合的に研究する領域をタフォノミーといい、花粉分析結果を読み解くときにもタフォノミーについて十分考慮する必要がある（図12）。

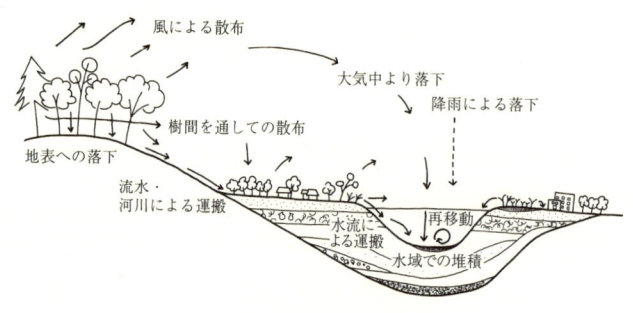

図12　花粉の散布・堆積の過程

コラム11　シャニダール洞窟の花粉

　コロンビア大学のソレッキ Solecki は1960年にイラク、シャニダール洞窟の調査で、約6万年前のネアンデルタール人の男の遺体（シャニダール4号）を発掘した。そして、この遺体の周辺から採取した6点の土壌サンプルをフランスの古植物学者ルロア＝グーラン Leroi-Gourhan が分析し、その土の中に大量の花粉が含

まれていることを発表した。そこで、シャニダールのネアンデルタール人は人類史上最初の花を愛でた人々として注目されることになった。ソレッキの著書"Shanidar, The first flower people"は『シャニダール洞窟の謎』と訳され、日本で紹介されている（香原志勢・松井倫子訳、蒼樹書房）。分析の結果、8種類の花粉が検出され、それらがヤグルマギク属、タチアオイ属、ムスカリ属など虫媒花の花粉であることから、死者を弔うために、それらの花を供えたものとし、その種類から男の死んだ日を春から夏にかけてと推定した。しかし、この解釈については疑問視する人たちもいて、この花粉粒は堆積土を通じてしみ込んできたものか、動物の穴掘り行動で紛れ込んだもの、つまり二次堆積したものであるとしている（『ネアンデルタール人とは誰か』ストリンガー・ギャンブル著、河井信和訳、朝日選書）。

　日本では、1990年に開催された「国際花と緑の博覧会」で、シャニダール洞窟で遺体のまわりに献花されているネアンデルタール人の様子が復元展示され、人類史上、最初に花を愛でた人びととして有名になった。そして北海道名寄市日進19遺跡からも、埋葬に際してキク科の花が手向けられたとの報告書が出された。この遺跡では縄文時代中期前半期の土壙墓の可能性が強いと考えられるピットが検出され、山田（1992）は、墓穴であるならば埋葬に際してなんらかの植物を副葬した痕跡がみられるのではないかと、花粉分析を行った。分析にはピットを4分割したうちの南西、南東ブロックの各層位ごとに合計8サンプルを用いた。その結果、南東ブロックの2層からのみキク亜科花粉が多量に検出された。山田はこの理由を、①南東ブロックの2層の土壌を埋め戻した際に偶然キク亜科の花が紛れ込んだか、②埋葬に際して立ち会った人間が意図的にキク亜科の花を副葬したかの2つと考えた。そして、後者の可能性が強いとした。

　検出された花粉は新しい時代のものが水流や小動物によって古

い地層に混入する可能性も十分考えられるが、シャニダールでは花粉の産出状況が葯のまま、大きな塊であったり、日進19遺跡では集中して大量に検出されることから、死体のそばに花が手向けられ同時に埋められたと考える方が自然かと思われる。奈良(2003)は『ネアンデルタール人類のなぞ』(岩波ジュニア新書)の中で、ことの真偽は別の遺跡のネアンデルタール人類の墓から同じように花粉が検出されれば解決するはずだが……と書いている。いずれにせよ、このように、問題意識をもって調査・分析を進めていけば、将来に真実が明かされるであろう。

V 花粉分析の実際

 花粉分析の方法については、エルドマン（Erdtman 1969）、フェグリ・イベルセン（Faegri & Iversen 1989）、中村（1967）、徳永（1972）、相馬（1976、1978）、トラバース（Traverse 1988）、ムア・ウェブ（Moore & Webb 1978；1991）などに詳しい。また、松下（第四紀試料分析法1993a,b、環境考古学マニュアル2003）や山野井（花粉学事典の付録1－3、1994）にも概略が述べられている。ここではおもに遺跡堆積物の分析の実際を紹介する。

1 試料の採取と保存

採取法

 試料の採取は大変重要な作業で、研究の目的に応じてその方法を変える必要がある。遺跡における花粉分析の対象になる堆積物は、遺構内の小水域（濠、土壙、溝、井戸、池、堰、用水路など）、遺跡内の自然の河川流路、耕作土、水田址などである。トレンチの壁面から採取するのが一般的であり、ブロック試料あるいは柱状試料として採取する。採取と同時に、露頭、壁面のスケッチをし、堆積物の性状や含有物などを記録し、柱

状図を作成する。また、遺跡の発掘調査では得られない深部の堆積物や連続堆積物を採取するために、手動あるいは機械でのボーリングを行うこともある。

①トレンチ壁面からの採取

　a ブロック試料

　ブロック試料は、風化面を除いた新鮮な露出面から、堆積物を移植ゴテやナイフなどで切り取る。あるいは、サンプル管のようなものを打ち込んで採取する。採取した堆積物は、遺跡名、サンプル番号など必要事項を記入したビニール袋に入れる。試料の採取は上位からの混入を防止するために、壁面の下位から上位に向けて行う。同時に、壁面のスケッチを行い、サンプル番号と堆積物の性状などの記載を行う。図13は兵庫県神戸市垂水・日向遺跡(松下 1992)の弥生時代前期～古墳時代後期の自然流路における土層および断面図と分析試料の採取箇所である。ここでは、花粉・胞子含有量の多いと予測される、砂質シルト～シルト～泥炭質シルトの4層準を花粉分析用試料とした。図14は同遺跡の縄文時代(中)後期～晩期の砂礫層で、ここでは、砂礫に挟在する泥炭および材まじりの砂質シルト層4カ所から試料を採取した。

　b 柱状試料

　柱状試料は、風化面を除いた新鮮な面から、堆積物を柱状に切り出す。周辺を削りこんで柱状に切り出し、木箱やプラスチック容器に納めたり、ラップやアルミ箔などでくるむ方法と、半裁した塩化ビニールのとゆや長方形のプラスチック容器を押し

V 花粉分析の実際 49

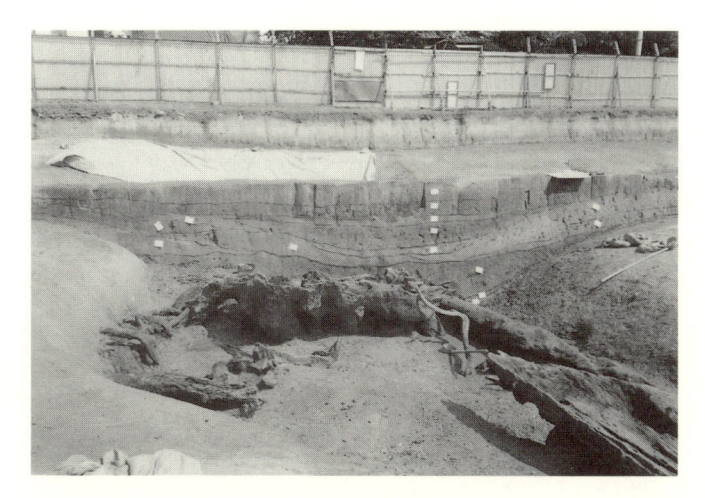

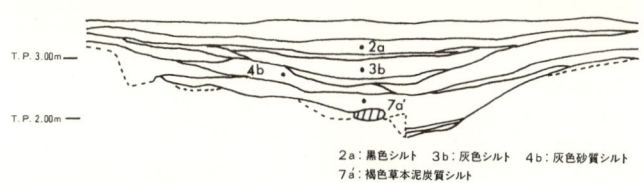

図13 自然流路における土層および断面図と分析試料の採取箇所 (松下1992より引用)

2a：黒色シルト　3b：灰色シルト　4b：灰色砂質シルト
7a′：褐色草本泥炭質シルト

込んで取り出す方法がある。同時に壁面の柱状図を作成する。図15-1、2、3は同じく神戸市垂水・日向遺跡(松下 1992)の縄文時代（中）後期～それ以前の人の足跡を挟む海成の青灰色シルト層およびその柱状図と分析試料の位置を示している。柱状堆積物の中での分析用試料は等間隔で採取するのではなく、堆積相に応じて採取する。ここでは、約150cmの堆積物で22サンプルを選んだ。

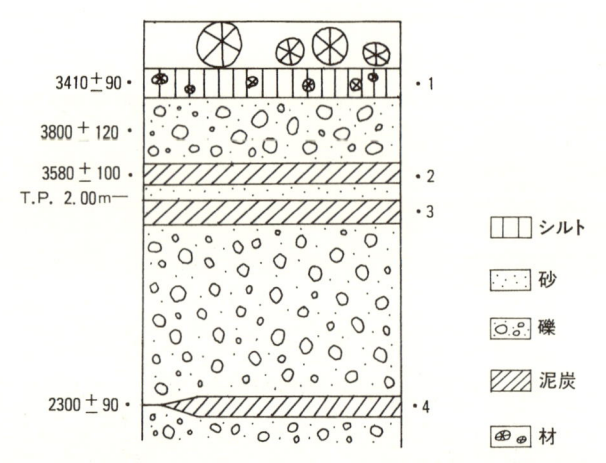

図14 砂礫に挟在する泥炭および材まじり砂質シルトからの試料の採取
（松下1992より改変）

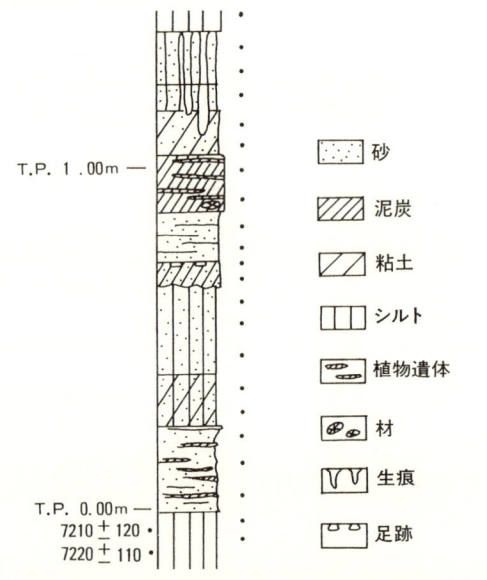

図15-1 人の足跡を含む海成シルト層の柱状図と分析試料の位置（松下1992より改変）

V 花粉分析の実際 51

図15-2 海成シルト層の採取作業(1)

図15-3 海成シルト層の採取作業(2)

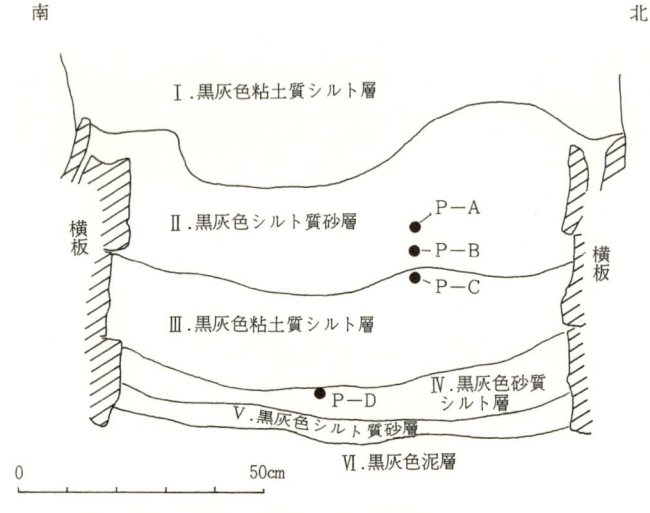

図16　井戸内堆積物の断面図と試料採取層準（辻1984より引用）

②井戸跡からの採取

　井戸内の堆積物は放棄後短期間に埋積されたものが多く、そこからは特異な情報を得る可能性が高い。図16は千葉県市原市、上総国分尼寺の井戸内堆積物の断面と試料の層準を示している（辻　1984）。ここでは長さ10cmのビニールパイプで2本の柱状試料（Ⅲ層からⅡ層にかけてとⅣ層からⅢ層にかけて）が採取され、上位からP-A～C、下位からP-Dの4試料が分析に供された。湧水量が多い条件下での掘り下げ式の発掘であったこと、また著しく遺物が多く、柱状に採取することの困難さが記されている。

③ボーリング試料

手動式コアサンプラーを用い、表層から順次試料を採取する。サンプラーにはヒラー型、ピストンコア型、シンウォール型などいろいろなタイプのものがある。沖積層が数10mにおよぶ場合は、機械ボーリングを行う。柱状で得られる試料については、堆積物の性状や含有物を記載し柱状図を作成する。コア試料は1本ずつラップなどで包み、試料番号、コアの上下を必ず記載する。

コラム12　神戸市東灘区本山遺跡（第11次発掘調査）19層黒色シルトの正体

　本山遺跡は六甲山の南麓に位置し、度重なる洪水によって砂に被われた。19層黒色シルトは弥生前期の銅鐸が検出された層の下に見られる洪水砂と地山との間に存在する。筆者はこの19層から採取した3試料について花粉分析を行ったが、いずれの試料も花粉の含有量が少なく、かつ花粉の傷みが激しかった。かろうじて同定できた花粉はイネ科、タンポポ亜科、ヨモギ属、マツ属、モミ属、コウヤマキ属、シダ胞子などであった。そして、一見真っ黒な泥炭と思われるようなこの試料からは、花粉ではなく大量のプラント・オパールと火山ガラスが検出された。火山ガラスはその鉱物組成からほとんどがアカホヤ火山灰であった（故神戸大学野村亮太郎氏のコメント）。プラント・オパールは、メダケ属などのタケ亜科とヨシ属が多く、樹木起源のものはなかった（古環境研究所杉山真二氏分析）。これらの結果から、この19層黒色シルトの母材は火山性のもので、イネ科草本植生に由来する腐植からなるいわゆる黒ボク土であることがわかった。ちなみにこの黒ボク土の生成年代はアカホヤ噴火の後の6000^{14}C（7000暦）年前頃であり、砂で被われるまでの当地はヨシの茂る湿地と周辺の台

地にネザサを主とする草原が広がっていたことが推定された。

　いかにも花粉化石が含まれていそうな、黒色の堆積物でも、まったく花粉が検出されない場合がしばしばある。鹿児島県鹿屋市花岡町根木原遺跡では、入戸火砕流堆積物の上位に良好な鍵層となる5枚のテフラに黒色シルトが挟まれており、そのシルト堆積物を分析したが花粉はまったく検出されなかった。このほか、兵庫県和田山町ハチ高原遺跡での黒色粘土〜黒ボク土でも同様であった。また、トチノキ、イチイガシの炭化果実が大量に出土した兵庫県多可郡中町貝野前遺跡の土壌からもトチノキ属の花粉が1粒検出されたものの、花粉はほとんど含まれていなかった。茶褐色のシルト〜粘土質の堆積物にはたいてい有機物が含まれ、花粉も普通に産出されるが、兵庫県和田山町大盛山遺跡の環壕などのように花粉が検出されない場合もある。

　一般的には、花粉はシルト大粒子と挙動をともにすることから、砂質堆積物には花粉含有量は少なく、シルト〜粘土堆積物に含有量が多いといえるが、さまざまな条件下で、花粉の保存が悪い場合があるので、試料とするときには注意が必要である。

試料の保存

　発掘現場から持ち帰った試料は、堆積物の性状、含有物などを記録し、より精細な柱状図を作成した後、分析に必要な部分をサンプル袋やサンプル瓶に取り分ける。すぐに分析を行わない場合は、冷蔵保存または乾燥させて保存する。これは微生物などによる変質や分解、あるいは新たな菌類の増殖による胞子の混入を避けるためである。また、後に他の植物遺体分析や年代測定、火山灰の検出等、自然科学分析の試料として使用することがあるためである。

2 室内での分析処理法

　花粉・胞子の外膜構成物質スポロポレニンが酸やアルカリに対して耐性があることを利用して、化学処理を施し、併存物質を分解・溶解させ、堆積物中の花粉・胞子を分離する。分離した花粉・胞子化石は光学顕微鏡あるいは走査型電子顕微鏡で観察同定し、記録の統計処理を行う。また、これらの花粉・胞子化石の単体標本を作成する。

試料から花粉・胞子化石を分離する方法

　最も簡便なKOH法、広く利用されているアセトリシス法、混在するシリカ質などの無機物質を溶解するフッ化水素酸（HF）法、重液を用いる比重選別法などがある。試料によって適宜これらを組み合わせるとよい。

①KOH法

a. 試料1－3gを遠沈管にとり、5－10%水酸化カリウム（KOH）を加え、ガラス棒で撹拌する。
b. 沸騰している湯煎器中で10－15分加熱・撹拌する。
c. 遠沈して上澄液をすて、残渣を水で遠沈洗浄する。

②アセトリシス法

a. KOH法によりあらかじめ前処理を行う。
b. 氷酢酸（CH_3COOH）を加え撹拌・脱水し、遠沈する。
c. 残渣にアセトリシス液を加え撹拌し、70－80℃の湯煎器中

で3-5分加熱し、遠沈する。

d. 残渣に氷酢酸を加え撹拌し、遠沈する。

e. 残渣を水で遠沈洗浄する。

③塩化亜鉛（$ZnCl_2$）による比重分離法

a. KOH法で前処理された試料に比重2.0の$ZnCl_2$溶液＊を加え、ホモジナイザーなどを用い均一にする。

b. 沈殿層と上澄液が明瞭に分離するまで、2500rpmで20分間遠心分離する。

c. 上澄液の表層に浮かんでいる部分のみをスポイトで別の遠沈管に移し、水で遠沈洗浄する。

＊　$ZnCl_2$重液は$ZnCl_2$ 500gを10％塩酸（HCl）150mlに溶かす。ボーメの比重計で比重が2.0であることを確認する。そのほか、ブロモフォルム（$CHBr_3$）、塩化第二錫（$SnCl_2$）なども使用されるが、毒性が強く、より高価なため、塩化亜鉛がよく使用される。これら重液はもちろんであるが、処理に使用した各液の廃棄物処理には十分留意が必要である。

④HF法

a. プラスチック製遠沈管で、25％フッ化水素酸（HF＊）を加え、沸騰中の湯煎器内で10分間、シリカ質が溶解するまで反応させる。

b. 遠沈洗浄。

＊　HFは有毒なガスを出すので、ドラフト内でゴム手袋をつけて操作する。ガラス製の器具はHFで溶解するので、プラスチック製のものを用いる。

コラム13　遠沈洗浄

　分析の過程で、化学反応をさせるとき遠沈管を使用することが多い。試料に各種試薬を加え反応させた後、反応した上澄み液は遠心器で遠沈し除去する。さらに残渣を洗浄するとき、遠沈管に水を加え、上澄み液がきれいになるまで数回遠心分離する。この方法を遠沈洗浄という。

コラム14　アセトリシス法

　アセトリシス法は1934年、エルドマンが考案したもので、アセトリシス液はエルドマン氏液ともいわれる。植物遺体中のセルローズを溶解し、花粉・胞子の外膜物質のみを残す作用があるので、化石処理の場合はもちろん、現生花粉の標本作成にも広く使われる。アセトリシス液は無水酢酸（$(CH_3CO)_2O$）と濃硫酸（H_2SO_4）を９：１の混合比で使用直前に作成する。冷蔵保存が可能であるが、液が褐色に変色すれば効力を失う。

コラム15　花粉の比重

　スギ、ウバメガシ、ヤシャブシ花粉の比重は蔗糖密度勾配法による測定（Matsushita & Sanukida 1986）によれば、1.2から1.25であった。アカマツの花粉は気嚢をもち水に浮かぶが、気嚢の空気が水と置換すると1.2以上となる。化石になると花粉の比重は大きくなるが、比重1.8～2.0の重液の中では花粉は上に浮かび、逆に鉱物質は下に沈む。この比重の違いを用いて花粉化石を分離抽出する方法を重液分離法という。

　次に、遺跡堆積物の分析で筆者が行っている手順を示す（図17、18−a~h）。

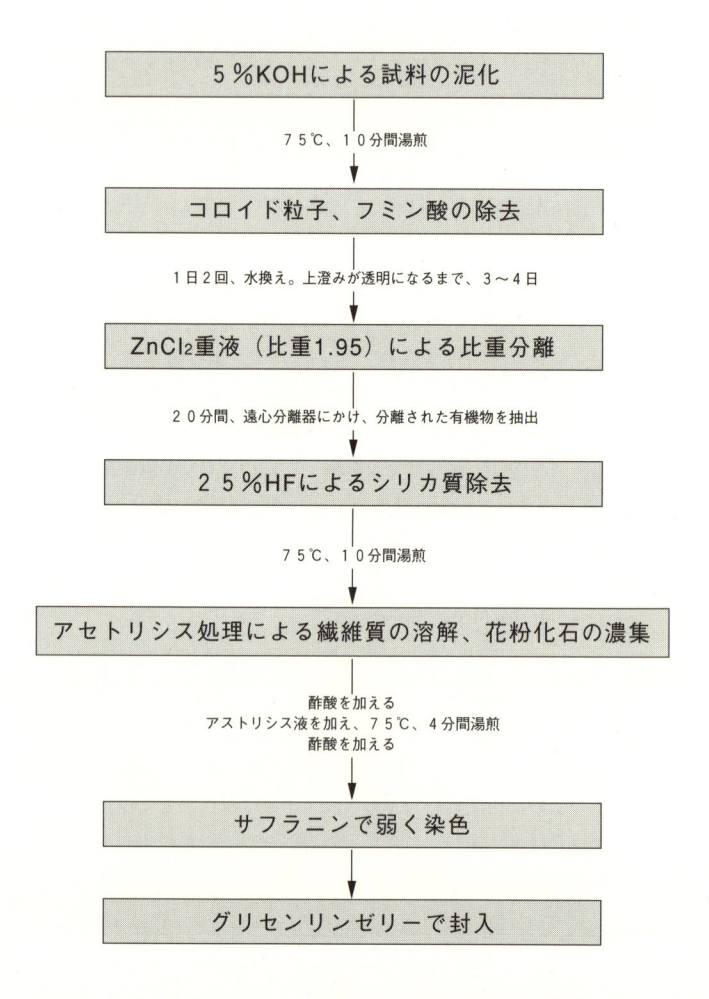

```
┌─────────────────────────────────┐
│   5％KOHによる試料の泥化        │
└─────────────────────────────────┘
             │ 75℃、10分間湯煎
             ▼
┌─────────────────────────────────┐
│   コロイド粒子、フミン酸の除去   │
└─────────────────────────────────┘
     │ 1日2回、水換え。上澄みが透明になるまで、3～4日
     ▼
┌─────────────────────────────────┐
│ ZnCl₂重液（比重1.95）による比重分離 │
└─────────────────────────────────┘
     │ 20分間、遠心分離器にかけ、分離された有機物を抽出
     ▼
┌─────────────────────────────────┐
│   25％HFによるシリカ質除去       │
└─────────────────────────────────┘
             │ 75℃、10分間湯煎
             ▼
┌─────────────────────────────────────────┐
│ アセトリシス処理による繊維質の溶解、花粉化石の濃集 │
└─────────────────────────────────────────┘
         │ 酢酸を加える
         │ アセトリシス液を加え、75℃、4分間湯煎
         │ 酢酸を加える
         ▼
┌─────────────────────────────────┐
│      サフラニンで弱く染色        │
└─────────────────────────────────┘
             │
             ▼
┌─────────────────────────────────┐
│    グリセンリンゼリーで封入      │
└─────────────────────────────────┘
```

図17 花粉分析の作業手順

V 花粉分析の実際 59

図18-a(1) 5％KOH の作成

図18-a(2) 乾燥重量1-3gを採取（神戸市垂水日向遺跡、H地点アカホヤ火山灰層直下）

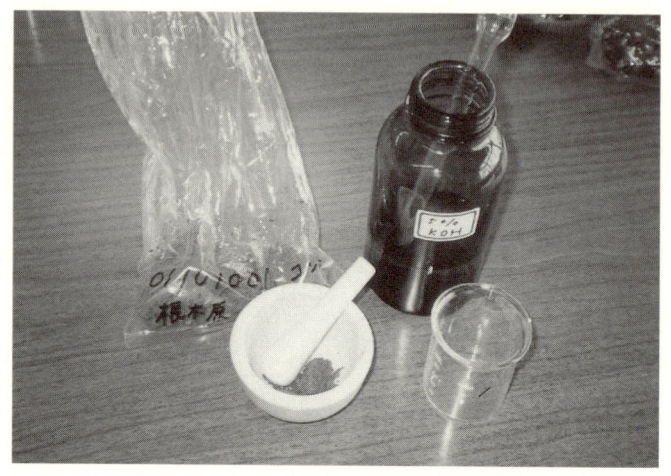

図18-a(3) 試料の調整(鹿児島県根木原遺跡)

図18-b(1) KOHによる泥化

V 花粉分析の実際 61

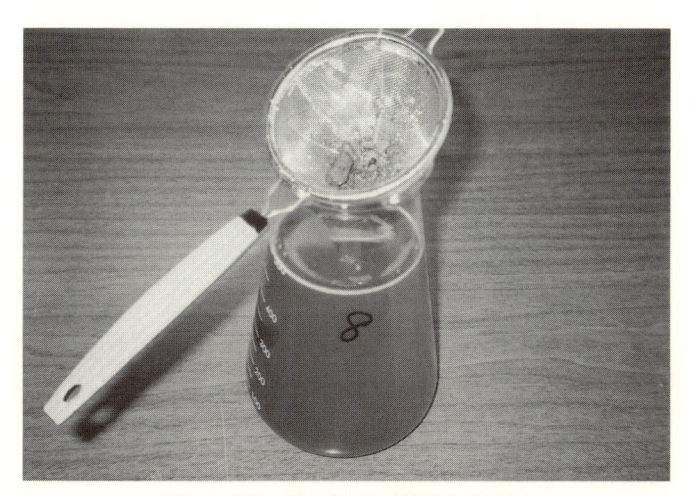

図18-b(2) 礫、パミス、植物片などを除去

図18-c(1) フミン酸、コロイド状粒子の除去（上澄液が透明になるまで水換えを行う）

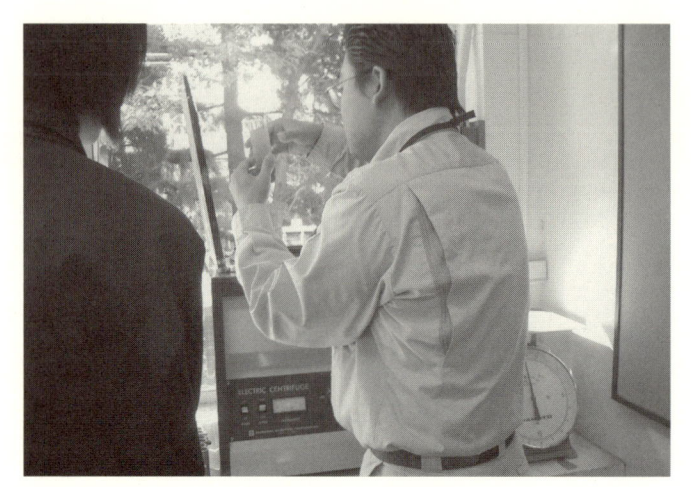

図18-c(2) 遠沈洗浄

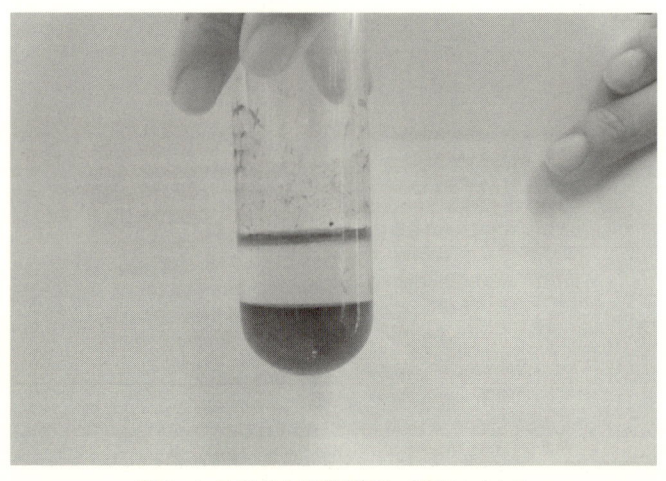

図18-d ZnCl₂による重液分離。3層にわかれる

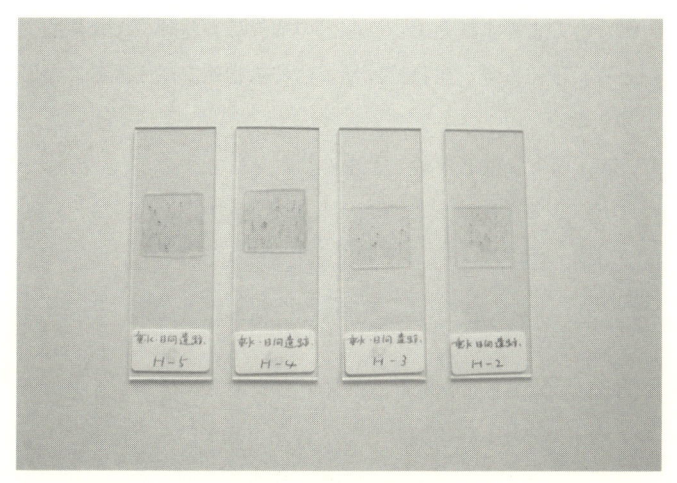

図18-h　プレパラート作成

a. 試料の調整：試料は乳鉢に入れ乳棒で均質につぶす。堆積物によって試料の量は異なるが、乾燥重量1-3gが目安となる。砂質のものは適宜分量を増やす。定量分析を行うときは、乾燥重量 (g) あるいは容積 (ml) を予め測定する。あるいは花粉とほぼ同じ挙動を示すと考えられる粒子（マーカーグレイン）を一定量加え、その粒子に対する比率から花粉の絶対量を測定する（大井 1998）。

b. KOHによる泥化：試料に5％KOHを加え撹拌し、沸騰中の湯煎器中で10分間反応させる。植物片、貝殻片、砂などがある場合は金属網（茶こしや篩）で除去する。

c. フミン質、コロイド状粒子の除去：撹拌遠沈洗浄し、完全にKOHを除去する。または、大型のビーカーで上澄液が透

明になるまで水換えを行う。水の交換は数時間ごとに数回である。砂粒の多い試料では傾斜法で鉱物粒を除去することもできる。

d. $ZnCl_2$による重液分離：上述のとおり。

e. HFによる鉱物成分の除去：上述のとおり。

f. アセトリシス処理：上述のとおり。

g. 染色：サフラニンまたはフクシンなどを用いる。省略してもよい。

h. 封入：グリセリンまたはグリセリンゼリーで封入する。グリセリンゼリーは市販されているが、水で溶かしたゼラチンにグリセリンとフェノールを加え作ることができる（作り方は中村1967など）。グリセリンゼリーで封入したプレパラートはカバーグラスの縁をマニキュアなどでシールすると長期間保存できる。

なお、鉱物成分の含有量が少ないものや泥炭を分析する場合は重液分離を省略し、KOH処理、HF処理とアセトリシス処理あるいはKOH処理とアセトリシス処理のみを行うとよい。

検鏡

花粉・胞子化石は光学顕微鏡あるいは走査型電子顕微鏡を用いて観察するが、ここでは日常的に利用する光学顕微鏡での検鏡について述べる。検鏡は普通400－600倍の倍率で行うが、詳細な観察をする場合は対物に100倍の油浸レンズを用い1000倍で行う。原則として1試料につき1枚のプレパラート全面を検

鏡する。一般には樹木花粉200粒が目安とされているが、花粉・胞子化石の出現頻度が安定するには少なくとも500粒以上の読みとりが必要である（松下 1981）。

統計処理

分析結果の表示は樹木花粉数を基数として、各植物群の出現を百分率で示すことが多い。ほかに、研究目的に応じてハンノキ属などの特定の花粉を除いた樹木花粉を基本数とする方法や、花粉・胞子総数を基本数とする方法、絶対花粉数による表示などがある。

図表の作成

分析結果を一覧表に整理し、花粉ダイアグラムを作成する。花粉ダイアグラムは堆積物の柱状図、主な花粉・胞子の出現頻度、花粉帯区分の3つの部分で構成される。堆積物の柱状図には、時間軸となる遺物、火山噴出物（テフラ）、放射性炭素（^{14}C）年代などが記入される。花粉・胞子の出現頻度は多くの場合樹木花粉の産出量の変化を樹木花粉総数を基数とした百分率で示している。次に各層準での花粉・胞子の組み合わせの特徴を見出し、その特徴が大きく変化する層準で境界が設定される。このように区分されたものが花粉帯である。この花粉帯は遺跡周辺の植生を反映するものであり、局地花粉帯とよばれる。各花粉帯の花粉の組み合わせから復元された植生は、気候変化や人為影響による植生型の交代を示したり、火山噴火や洪水などに

よる堆積環境の変化を反映している。

コラム16　放射性炭素年代

ウィラート・リビー氏によって開発された放射性炭素年代測定法は、放射性の^{14}Cが生物体内に固定された後、放射壊変の法則にしたがって一定の割合で衰退することを利用したものである。^{14}Cの半減期を5730年とすると半減期の10倍程度の約6万年前までの年代が測定可能とされ、先史時代の年代決定の主要な測定法となっている。炭素は生物を構成する主要な元素であり、木片、炭化物、泥炭、貝殻、骨、サンゴなどさまざまな遺物が測定対象となり、考古学にとって最適な年代測定法である。旧来のβ線法に加速器質量分析（AMS）法が加わり、微量な試料でも短時間で測定が可能になり測定精度も向上している。町田洋ほか編著『第四紀学』（2003）などを参照のこと。

コラム17　炭素年代と暦年代

^{14}C年代はあくまでも理化学年代である。^{14}C年代測定法では試料炭素中の^{14}Cの割合は常に一定であると仮定されるが、大気中の二酸化炭素の^{14}C濃度は経年的に変動してきた。そこで暦年代がわかっている樹木の年輪を用い^{14}C年代を較正し、相対的な編年から実年代での議論ができるようになってきた。最新の暦年代較正データであるINTCAL98では約1万年前までは樹木年輪を、それ以前ではサンゴや海洋底の縞状堆積物を用いて作られ、まだ完全なものとは言えない。現在湖沼の縞状堆積物を用いた^{14}C年代－暦年代関係データも蓄積されるなど較正表は日々進歩している。暦較正プログラムは^{14}C測定利用に関する国際機関誌Radiocarbonのホームページ（http://www.radiocarbon.org/）から無料でダウンロードできる。詳しくは中村（2000）などを参照のこと。

コラム18　広域火山灰（表2）

　日本列島とその周辺海域に分布する広域火山灰または広域テフラとしてよく知られているものに、鬼界―アカホヤ火山灰（K-Ah）と姶良―Tn 火山灰（AT）がある。どちらも九州起源の広域火山灰である。鬼界―アカホヤ噴火は約6300^{14}C 年前（暦年代7300年前）とされ、西南日本の縄文文化に大きな打撃を与えた噴火である。姶良―Tn 噴火は2.1〜2.5万^{14}C 年前（暦年代2.6〜2.9万年前）とされ、最終氷期の広域指標として有名で、巨大カルデラから噴出した火山灰は日本列島をすっぽり覆っている。このほかに白頭山苫小牧（B-Tm；800〜900^{14}C 年前；暦年代1000年前）、鬱陵隠岐（U-oki；9300^{14}C 年前；暦年代10700年前）などがある（町田・新井 1992、2003）。さらに日本列島は火山国であるため、各地で噴火年代のわかったテフラが堆積物に挟在し、よい時間指標となっている。

表2　日本列島とその周辺域で起こった巨大噴火による広域テフラ（町田・新井；1992[*1], 2003[*2]）

^{14}C 年

テフラ名（記号）	(ka)	（測定方法）[*1]
白頭山苫小牧（B-Tm）	0.8−0.9	（考古遺物法、放射性炭素法）
鬼界アカホヤ（K-Ah）	6.3	（放射性炭素法）
鬱陵隠岐（U-Oki）	9.3	（放射性炭素法）
十和田八戸（To-H）		
姶良 Tn（AT）	21(−25)	（放射性炭素法）

暦年

テフラ名（記号）	(ka)	（測定方法）[*2]
白頭山苫小牧（B-Tm）	1	（考古遺物法、放射性炭素法）
鬼界アカホヤ（K-Ah）	7.3	（放射性炭素法、年縞法）
鬱陵隠岐（U-Oki）	10.7	（放射性炭素法、年縞法）
十和田八戸（To-H）	15	（酸素同位体法、放射性炭素法）
姶良 Tn（AT）	26−29	（酸素同位体法、放射性炭素法）

3 現生花粉標本の作成

　花粉・胞子化石の同定にあたっては、現生花粉標本と比較対照する。花粉・胞子内の細胞質や外膜上に沈着する粘着物質を除く必要があり、この作成にもいくつかの方法がある（中村1967など）。ここではもっとも広く利用されているアセトリシス法を紹介する。

a. 葯あるいは花に5％KOHを加え、撹拌して花粉・胞子を分散させる。
b. 花粉・胞子以外の植物片は金属網で濾過し、遠沈する。
c. アセトリシス処理
d. 染色
e. 封入
　 i) グリセリンゼリーによる封入（一時的標本、保存中花粉がやや膨潤する）
　 ii) シリコンオイルによる封入（永久標本、花粉の大きさの変動がほとんどない）試料をエタノール（95％, 99.0％, abs.）で段階的に脱水、3－ブチルアルコールに置換、シリコンオイルを数滴加え加熱乾燥し3－ブチルアルコールを完全に蒸発させた後、プレパラート作成。

　採取した植物の花は紙袋中で乾燥保存、あるいは小瓶中の酢酸液で保存し、同時にさく葉標本を作成する。液中に保存されていた試料についてはcの操作から行ってもよい。

4　単体標本の作成

　花粉・胞子化石は多量に産するので、すべての花粉・胞子を標本として残しておくことはできない。そこで処理後の試料は集合標本として小型のサンプル瓶内で少量のグリセリンに浸し保存すると同時に単体標本として保存する。単体標本はグリセリンゼリーで封じられ、周囲をパラフィンでシールするので永久保存ができ、必要なときには加熱することで化石を回転させその形態を詳細に観察することができる。単体標本の作成にはマイクロマニピュレーターを使用する方法や、針先で拾い上げる方法があるが、ここでは安価で簡単に作成できる後者を紹介する。詳細は辻（1975）などを参照のこと。

a. 試料をグリセリンでうすめ、スライドグラス上にのばす。
b. 低倍率で目標の化石をさがす。さらに高倍率で保存良好な目的化石であることを確認する。
c. 低倍率下で、有柄針を用いて目標化石の周囲のゴミを除外する。
d. 化石をグリセリンゼリーの小塊をつけた有柄針で拾い上げる。
e. 別のスライドグラス上に移し、加熱してグリセリンを溶かす。
f. カバーグラスをかけ、周囲にパラフィンを流し込む。

Ⅵ 花粉分析による調査研究

1 花粉分析で何を知るか

 人間が住むところには植物が存在し、人間は生きていくために植物と深くかかわってきた。考古学の中でも、人と植物のかかわりについて知るために、植物遺体を扱った研究が多くなされてきた。その中で花粉分析を使った調査研究にはどのようなものがあるのであろうか。その多くは植物群・植生の復元に関する研究である。その他に、人間活動を知る研究、たとえば、稲作・畑作などの栽培植物や植林や里山などの土地利用、居住空間の復元、食生活に関するものなどがある。

2 植物群・植生の復元

 遺跡とその周辺域の植生変化をとらえるため、基本的には花粉層序（層位）学的方法が取られる。最近では高精度の年代測定やテフラの検出によって堆積物の年代を正確に知ることができる。また、花粉だけでなく、大型植物遺体や材の分析が同時に行われることが多く、より総合的な結論を導き出している。

縄文海進期の植生変遷——神戸市垂水・日向遺跡（松下 1992）

　当遺跡は瀬戸内海大阪湾に流入する河川河口域に位置する。縄文時代～古墳時代までの堆積物の中で、干潟の堆積物から人の足跡およびアカホヤ火山灰層が検出され、その下部で約7000年前の放射性炭素年代が得られている。アカホヤ火山灰層より上位の砂礫層からはおびただしい木材が検出され、その^{14}C年代測定値は3500年前頃である。アカホヤ火山灰層の下部（H地点、図19）での花粉化石群から推定される周辺の植生は、コナラ亜属、シデ類、ケヤキ、エノキ、ムクノキなどからなる落葉広葉樹林で、モミ、カヤといった針葉樹を交えるものであった。一方、アカホヤ火山灰層の上位の砂礫層C地点（図19）での結果はH地点とは大きく異なり、アカガシ亜属とシイ属からなる照葉樹林であった。この砂礫層の上部でクスノキの大木が発掘されており、花粉では復元できないクスノキ科の植物群も共存していたことがわかる。ここでは花粉、大型植物、材を同時に分析することにより、縄文時代前期から後晩期、さらに古墳時代に至る植生復元が試みられ、豊かな照葉樹林の繁茂する様子が復元できた（Ⅶ-3参照）。

集落の開発過程——佐賀県吉野ヶ里遺跡（Guo et al. 1997）

　ひとつの遺跡内でも堆積環境の異なる複数の地点での花粉層序を比較する調査が見られる。吉野ヶ里遺跡は弥生時代以降のさまざまな時代を含む大規模な複合遺跡である。この遺跡の東西の低地で花粉分析と大型植物遺体分析が行われ、A～Eの5

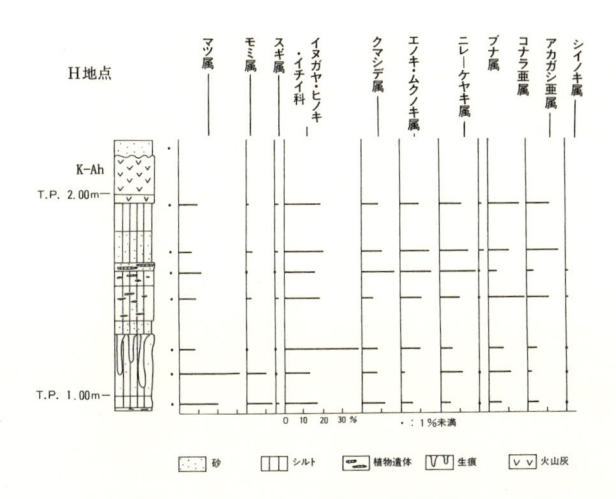

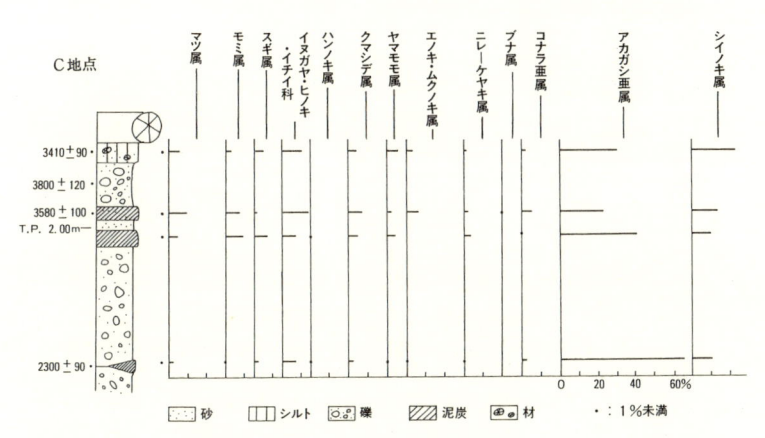

VI 花粉分析による調査研究 73

図19-1 垂水・日向遺跡C地点およびH地点における花粉ダイアグラム (松下1992より引用)

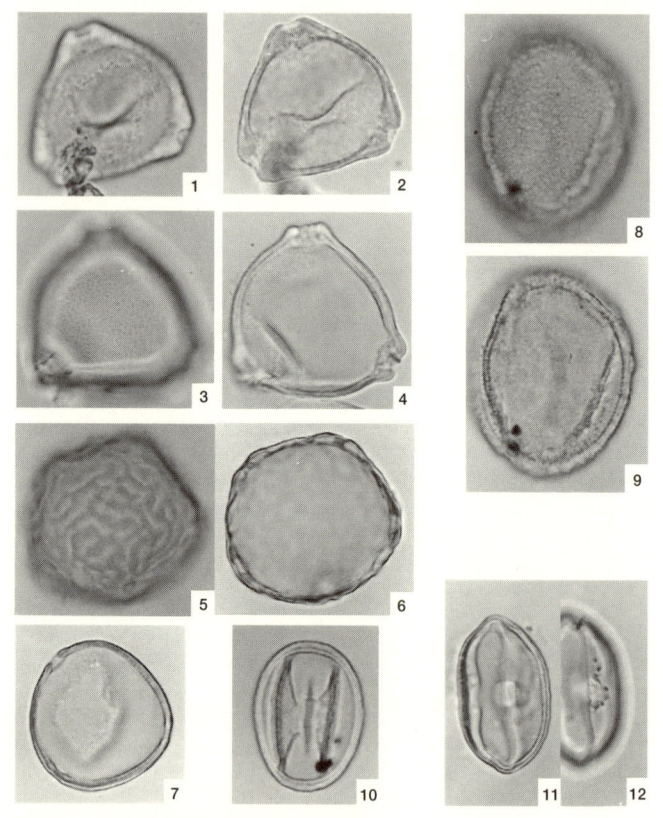

図19-2　垂水・日向遺跡から産出した花粉化石（1）（松下1992より引用）
　1．2．ヤマモモ属（MM5、F地点-2）　3．4．カバノキ属（MM16、C地点-16）　5．6．ニレ属—ケヤキ属（MM28、H地点-5）　7．エノキ属—ムクノキ属（MM21、H地点-3）　8．9．コナラ属コナラ亜属（MM27、F地点-1）　10．コナラ属アカガシ亜属（MM26、F地点-1）　11．12．トチノキ属（MM4、F地点-13）　すべて800倍。なお、かっこ内は標本番号、産出地点を示す

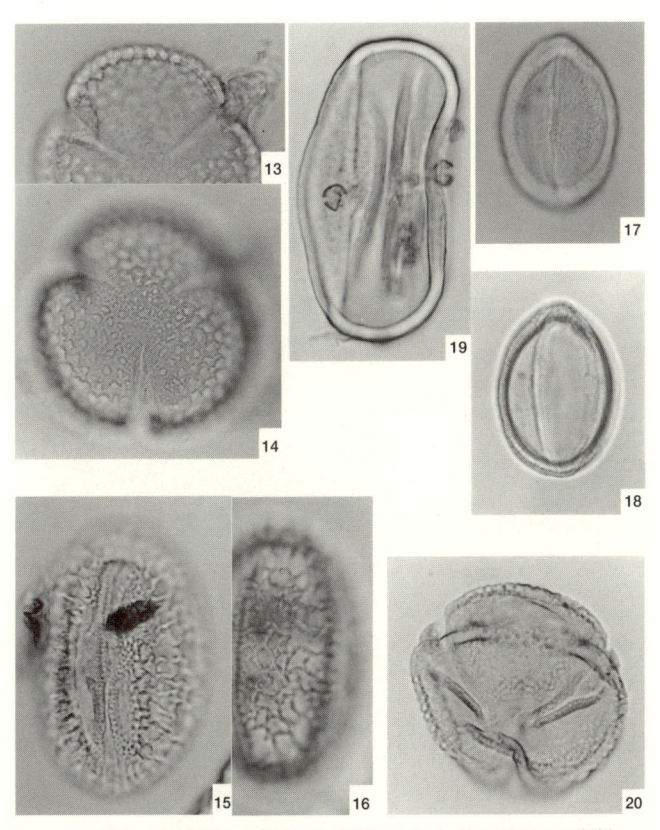

Ⅵ 花粉分析による調査研究 75

図19−3 垂水・日向遺跡から産出した花粉化石（2）（松下1992より改変）
　13．14．シキミ属（MM19、H地点−3）　15．16．キハダ属（MM8、F地点−19）　17．18．カエデ属（MM3、F地点−13）　19．サンシュユ属（MM9、F地点−19）　20．ツバキ属（MM24、C地点−2）　すべて800倍。なお、かっこ内は標本番号、産出地点を示す

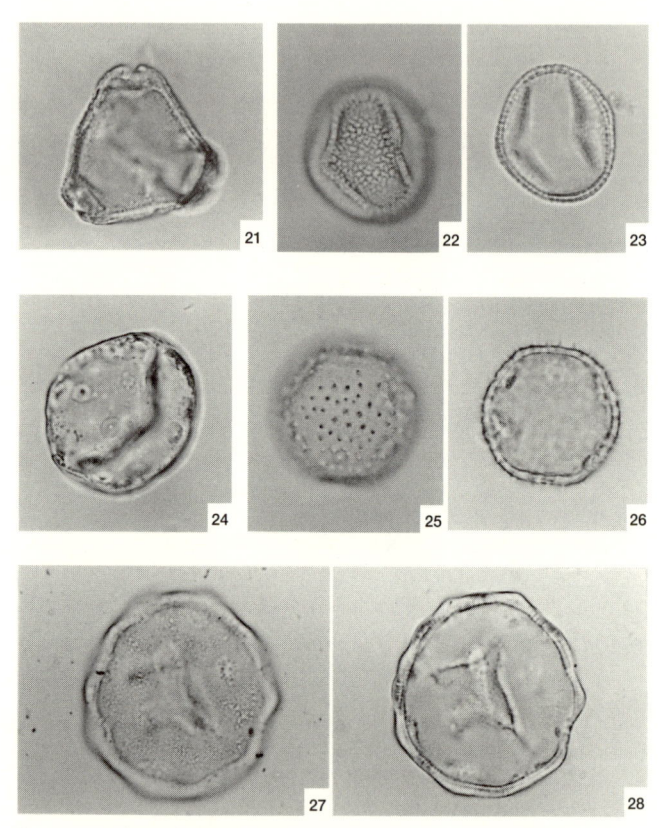

図19-4　垂水・日向遺跡から産出した花粉化石（3）（松下1992より引用）
21. ハイノキ属（MM25、C地点-2）　22. 23. トネリコ属（MM13、F地点-16）　24. テイカカズラ属（MM7、F地点-23）　25. 26. オモダカ属（MM29、B地点-2a）　27. 28. ヘラオモダカ属（MM30、B地点-2a）すべて800倍。なお、かっこ内は標本番号、産出地点を示す

つの時期を設定し、集落の開発の仕方や資源の利用法の変遷が明らかにされた。ここでは弥生時代前期から中期前半（B期）に照葉樹林が分布する丘陵上に人間が住み始めた。そのころ低地ではハンノキ属の林が切り払われ、カヤツリグサ科やヨシ属の湿地になった。弥生時代中期後半（C期）になると湿地は水田として開発された。丘陵上では人間活動が持続されることにより照葉樹林は伐採されエノキ属またはムクノキ属の二次林が発達するようになる。古代または中世（D期）になると、丘陵の縁辺は畑地または裸地となり二次林も過度の利用で減少する。近世（E期）になると水田が広がり山地丘陵ではマツやスギの林が拡大する。ここでは弥生時代から近世にかけての集落全域の植生変化と人間活動の関係が明らかにされた。

歴史時代の森林量の変化——武蔵野台地溜池遺跡（吉川 1999）

これまで花粉化石群の層位的な変化はほとんど百分率によって示されてきたが、ここでは pollen influx（個／cm²／年：花粉堆積量）を算出する方法が並行して行われ、また堆積状況を詳しく知るためにIL（灼熱減量）や炭片量を同時に計測している。

溜池遺跡は東京都千代田区と港区にまたがる江戸時代の遺跡である。武蔵野台地東部に位置するこの遺跡周辺の植生変遷と人間の活動を知るために調査・分析が行われた。木本泥炭、草本泥炭、溜池の堆積物からなり、10層のテフラが挟在する。堆積物の編年はこれらテフラと放射性炭素年代、古文書など多く

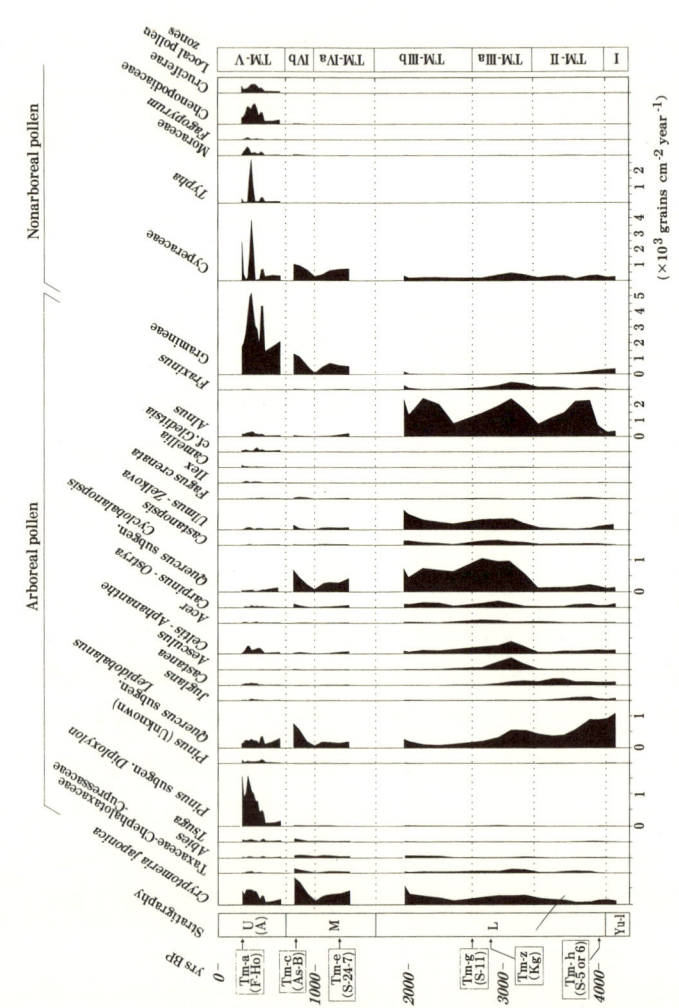

図20 溜池遺跡の主要花粉堆積量分布図（吉川1999より引用）

の資料によっている。花粉分析の結果過去6000年間に7つの植生期が区分された。6000-4000年前の縄文時代前・中期から14世紀以降の中・近世までの植生変遷の過程は4000年前以前のコナラ亜属を主とする落葉広葉樹林（TM-Ⅰ）から4000-3200年前のクリ林の拡大と低地でのハンノキ湿地林の形成（TM-Ⅱ）、3200-2000年前のアカガシ亜属を主とする照葉樹林期（TM-Ⅲ）を経て、それ以降疎林化（TM-Ⅳ）し、その後マツ林が拡大する（TM-Ⅴ）といったものである。歴史時代においては花粉堆積量を測定することにより詳細な森林量を算定することが可能となった。すなわち当地方では、約1000年前頃に疎林に変化したあと森林は回復したが中世にはふたたび疎林化し、その後マツ林が分布拡大したことが明らかになった（図20）。

コラム19　再挑戦——神戸市東灘区本山遺跡第14次発掘調査

　第11次調査で分析した波食崖を埋める19層黒色シルトは黒ボクであることがわかり、花粉はほとんど検出されなかった。14次調査でも同様の波食崖が確認され、再度この波食崖に堆積した縄文時代前期および弥生時代の堆積物の花粉分析に挑戦することになった。図21-1、2は試料採取箇所と土層堆積状況のスケッチである。このうち、試料10の4枚の洪水砂に挟在する土壌化した布状堆積物と試料17の有機質粘土から多数の花粉化石が検出され、当時の植生を復元することができた。大規模な洪水によってもたらされる土石流堆積物や黒ボク土には花粉化石の含有数は少なくまた保存が悪いため、分析には適さない。図21-3は壁を前にして試料の採取箇所を検討する様子。

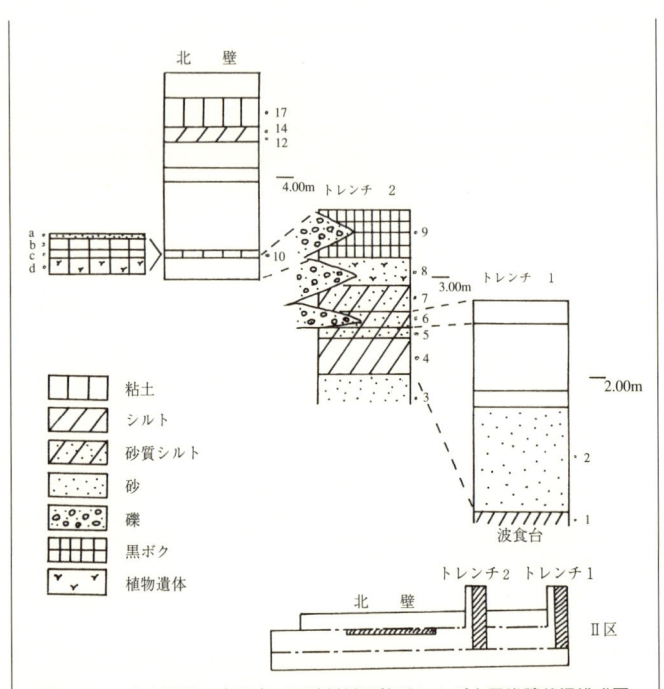

図21−1　本山遺跡14次調査Ⅱ区試料採取箇所および土層堆積状況模式図

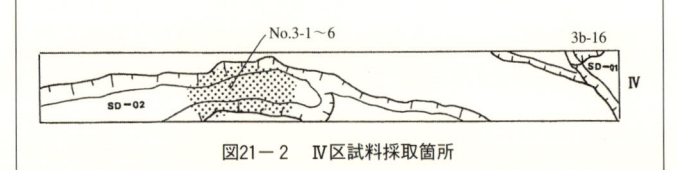

図21−2　Ⅳ区試料採取箇所

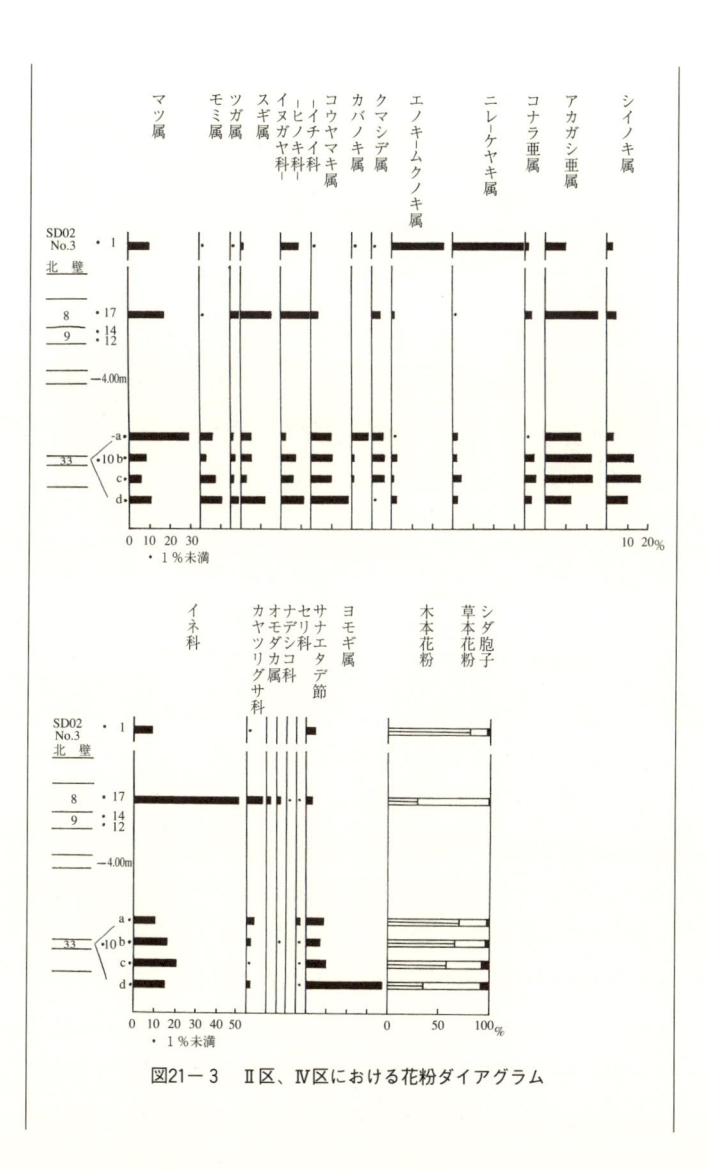

Ⅵ 花粉分析による調査研究 81

図21－3 Ⅱ区、Ⅳ区における花粉ダイアグラム

図21-4　壁を前にして試料の採取箇所を検討中

3　人間活動を知る

稲作の開始期——福岡市板付遺跡（中村 1980）

　中村（1977）は、位相差顕微鏡を利用してイネ花粉を識別できることを見出し、福岡市板付遺跡のイネ花粉化石の消長を明らかにした。トレンチG-7Aの堆積物は、下位から、夜臼式土器包含の泥炭質粘土、板付Ⅰ式土器包含のシルト質粘土、砂、弥生後期～中世遺物包含の礫を含む粘土、耕土からなる。分析結果によると、下層から弥生～中世遺物包含層まではシイ属、カシ類、ナラ類からなる照葉樹林の勢力下であるが、最下層（^{14}C年代測定値2880±85B.P.、N-3500）では一時的な植生破壊が

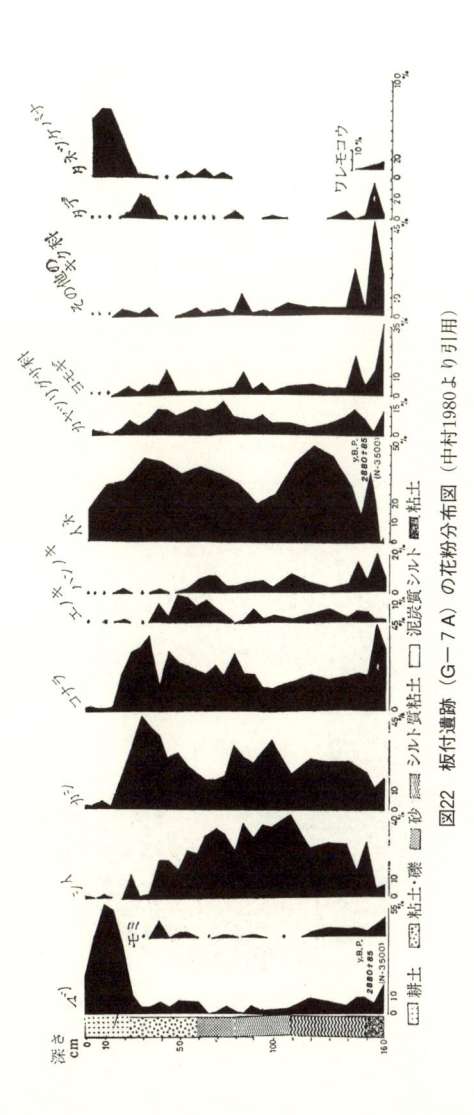

Ⅵ 花粉分析による調査研究 83

図22 板付遺跡 (G-7A) の花粉分布図 (中村1980より引用)

見られる。この植生破壊期の終了と同時にイネ花粉が急増し、ここでの稲作開始は縄文晩期ないし後期と考えられている（図22）。

コラム20　イネ科花粉の外層模様のマイクロパターンメーター

　イネ属花粉の同定は普通の光学顕微鏡ではむずかしく、しばしばその粒径でイネ科を栽培型と野生型に区分してきた。中村（1974）は電子顕微鏡や位相差顕微鏡を用いた花粉壁の表面の微細構造の観察により、イネ属をほかのイネ科から識別できるとした。そして、イネ科の代表的な花粉壁の突起パターンをガラスの円盤に焼き付けたマイクロパターンメーターを考案し、接眼レンズに装着して観察同定の助けとした（図23）。

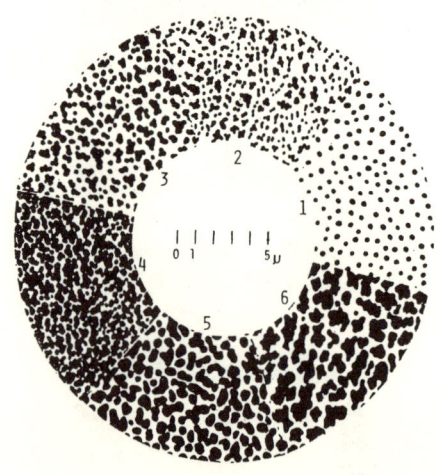

図23　イネ科花粉の外層模様の「マイクロパターンメーター」　1：トウモロコシ2：イネ（農林22号）3：マコモ4：ネザサ5：コムギ6：ヨシ（中村1977より引用）

コラム21　花粉からみた稲作の伝播

　図24（中村 1981）は日本列島上の1～30番までの調査地点の中で、主な地点のイネ花粉の消長を示したものである。花粉の出現率が30％以上で、集約的な稲作があったとみなされるが、稲作は一時的植生破壊期（約3000年前）が終わると同時に始まり、九州地方を基点に北方へ拡がったとしている。北九州—浜名湖線の北側では稲作の始まりは遅く、弥生時代以降である。この原因は、3000-2000年前が低温、湿潤という気候の悪化期であり、その気候が稲作普及の支障となったと考えた。

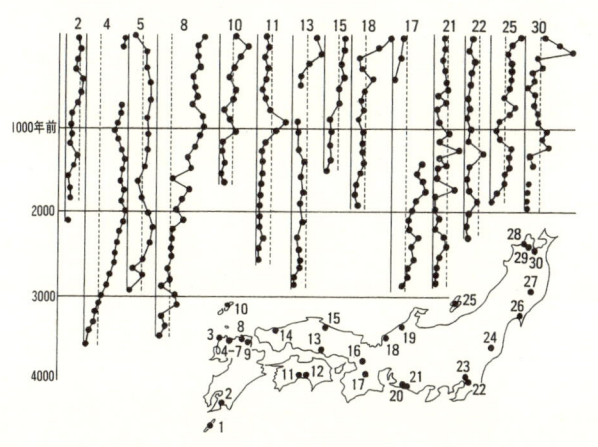

図24　花粉から推定する日本各地の稲作開始時期　上の数字は地図上の地点と対応。破線は30％ラインを示す（中村1981を引用）

縄文後期に渡来したソバ——福井市浜島遺跡（那須・山内 1980；那須 1981）

　浜島遺跡は福井市の北西にある縄文後期前半の低湿地遺跡で

ある。この遺跡のトレンチ2（Tr 2）について花粉分析を行い、古植生が復原された。当遺跡における植生破壊とアカマツ二次林形成の始まりが縄文時代後期前半にみられ、この時期にソバおよびイネの栽培が開始されたとした。図25によれば、木本花粉群集が急変するのはⅣ層の上部で、Ⅳ層以下で多かったケヤキ・ニレ属、エノキ・ムクノキなどが著しく減少する一方でハンノキ属の急増と二葉マツ類の増加がみられる。ソバ属花粉はこの第Ⅳ層最上部で出現を始める。Ⅳ層の粘土質泥炭層の^{14}C年代は3620±120年であった。那須（1981）はこのソバが野生のものか栽培のものか、直接的証明は不可能で状況判断によらざるを得ないが、縄文時代以後のソバは栽培植物として渡来したものだと考えている。それは日本では自生のソバはどこにも知られていないことによっている。縄文遺跡からのソバ花粉の報告はいくつかあるが（図26）、北方の青森県亀ケ岡遺跡では、縄文晩期にソバ栽培が始まり、ソバは冷涼な地域での稲作農耕が十分行えるようになるまでの重要な食料であったようである。

井戸からの情報——千葉県市原市上総国分尼寺（辻 1984；南木・辻 1996）

　井戸は周囲から多数の植物が落下し、井戸を放棄した後にはきわめて短期間で埋積されることが予想される。上総国分尼寺構内で発見された井戸内堆積物から関東南部の台地、丘陵部に普通にみられる雑木林が復元されると同時に井戸特有の情報

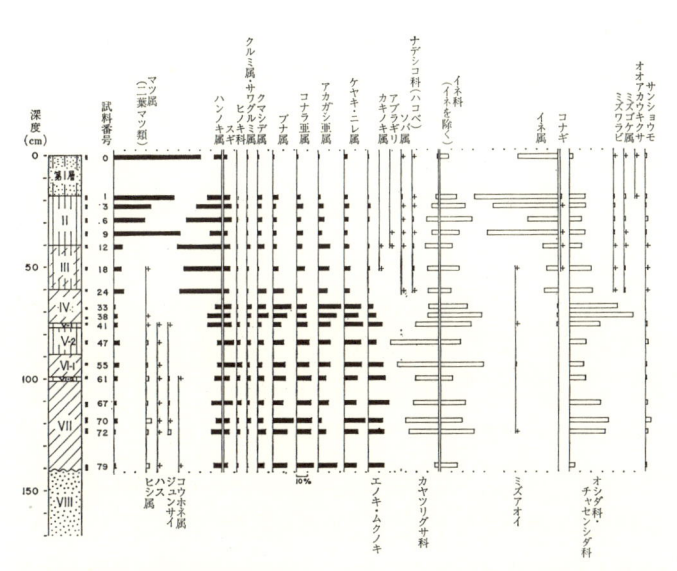

図25 福井市浜島遺跡1977年度第2トレンチの主要な花粉の変遷 柱状図中の点々は砂、斜線は泥炭、縦線は粘土を示す。Ⅳ層の^{14}C 年代が3620±120y.B.P（GaK-7202）縄文後期前半の遺物包含層に相当する（那須・山内1980を引用）

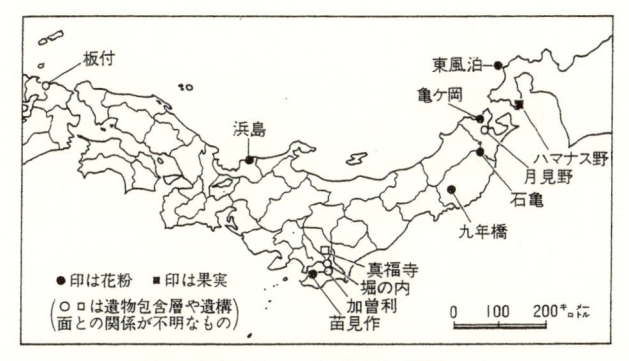

図26 縄文時代のソバの産出地（那須1981）

(季節性)が得られた。

分析した4試料のうち、花粉群集はP-AとP-D、P-BとP-Cの2つのタイプに分けられた。前者はクワ科と草本花粉の占める割合が高く、後者は樹木花粉の出現率が高い。樹木花粉の中でもエノキ属-ムクノキ属の比率が40%と高率である。このほかにクリ属-シイ属-マテバシイ属、ニレ属-ケヤキ属など当地域での主要樹種(春咲き)の花粉が多産し、しかも塊状で産するといった特異性がある。一方、P-AとP-Dの花粉群集ではヨモギ属、オナモミ属、オモダカ属、キヅタ属といった秋咲きの植物の花粉を含んでいる。同時に検出されている大型植物遺体からもこのことが支持され、この井戸の堆積物は季節を反映すると判断された。また、大型植物遺体群にはモモ、ウメ、カキノキ属、ナス、ヒョウタンといった多数の栽培植物が含ま

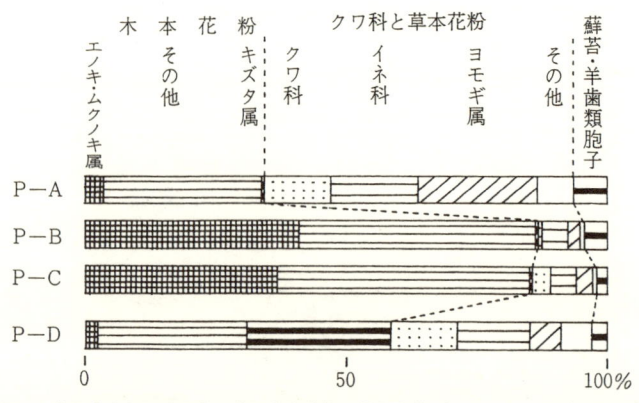

図27 市原市上総国分尼寺の井戸内堆積物の花粉群集(辻1984より引用) 井戸内堆積物の断面と試料の層準は図16を参照。

れ、花粉群からみた寺院と周辺の植生は主としてイヌガヤ、エノキ、ケヤキといった樹木、人里に普通の草本であり、寺院の維持に相当な人手が加わっていたことが推定された（図27）。井戸は寺院内の小さな谷の中に作られており、ある種の閉鎖的な集水域で、そこにみられる花粉は現地性の高いものである。また、多量の栽培植物や祭祀にかかわるとみられる器具が多産しており、人と植物のかかわりを知る特異な例である。

中世都市鎌倉の木材利用——鎌倉市永福寺跡（鈴木・吉川 1994）

鎌倉市永福寺創建から廃絶までの苑池および溝を埋積する堆積物について分析を行い、永福寺創建以前から江戸時代までの植生変遷が明らかにされた（図28）。創建（1192年）以前～13世紀末にはスギ、アカガシ亜属、シイ属－マテバシイ属が優占し、スギを主体とする温帯性針葉樹林と照葉樹林が分布していた（局地花粉群帯 YF-Ia、YF-Ib）。YF-Ia ではイネ科花粉の多産、水田雑草であるオモダカ属、ミズアオイ属などが検出され、またイネのプラント・オパールも産することから、苑池築造以前には稲作が行われていた可能性が考えられている。13世紀末～15世紀初頭ではスギ、アカガシ亜属、シイ属－マテバシイ属が衰退し、マツ属が優勢となった（YF-Ⅱa）。このマツは苑池の堆積物からクロマツの葉や根株が産出されることからクロマツの可能性が高いとされている。この優占種の交代は、中世都市鎌倉にみられる大規模土地改変による植生破壊と大量のス

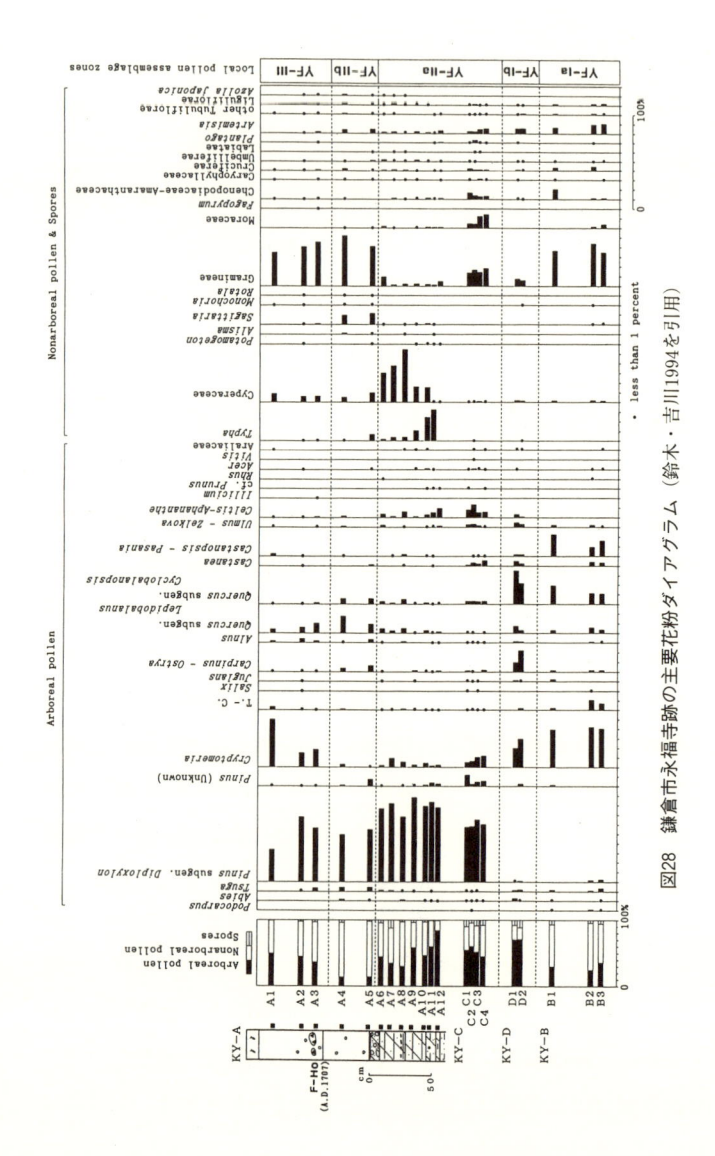

図28 鎌倉市永福寺跡の主要花粉ダイアグラム（鈴木・吉川1994を引用）

ギ材利用によるスギ林の減少が主要因と推定されている。スギの板材が出土し、周辺遺跡からは多数のスギの箸などの木製品が出土している。永福寺が火災で消失して以後の15世紀初頭から18世紀初頭にはマツ属が優勢で、コナラ亜属が多産するが、樹木花粉の比率が低下する。一方でイネ科の急増がみられ、かつての池周辺が水田化されたことを示唆している（YF-Ⅱb）。18世紀初頭以降はマツとスギが高率となり（YF-Ⅲ）、江戸時代の植林を反映しているとされている。

食生活の推定——石川県石動山大宮坊跡トイレ跡（金原 1998）

寄生虫卵の分析により排泄物の堆積を見分け、トイレ跡の検出が可能となった。そこから抽出される動植物遺体は、食べられて排泄された食物残滓とみなされる。検出される花粉や種子から、穀類、野菜類、果物類など当時の食生活を推定することができる。

石川県石動山大宮坊跡の近世の僧坊跡で見つかったトイレから野菜類に寄生する回虫と鞭虫の卵が検出された。花粉分析ではイネ科とアブラナ科が高率で、そのほかにイネ属型やソバ属なども検出されている。種子分析が同時に行われており、これらの結果からこの僧坊ではコメ、アワ、ヒエ、ソバの穀類、アブラナ科、アカザ科、ゴマ、ナス、アケビ、キイチゴ属などの栽培植物や採集植物が食べられていたことが明らかになった。なお、寄生虫卵からみてこの僧坊の人々は魚を含めた肉食をしていなかったということである（図29）。

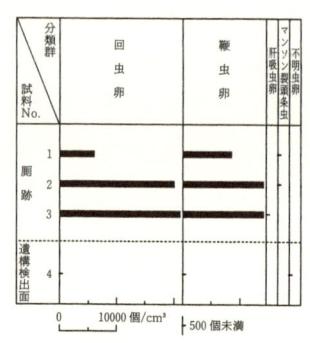

図29　石動山大宮坊跡トイレ跡の寄生虫・花粉・種実（金原1998より引用）

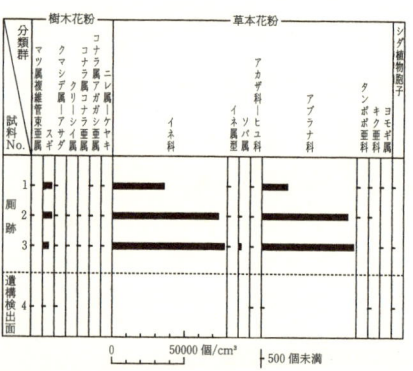

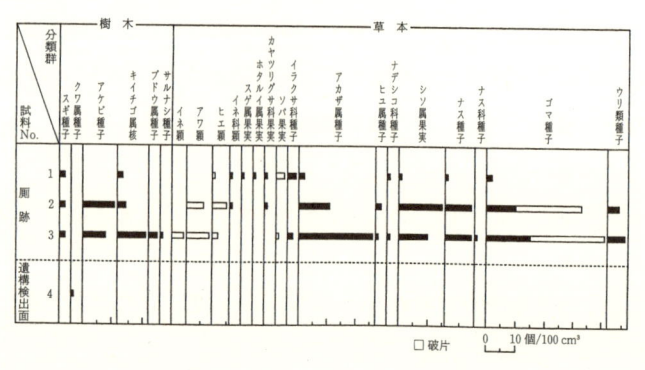

コラム22 鳥浜貝塚の糞石

鳥浜遺跡ではたくさんの糞石が検出されている。Yasuda (1978) は縄文時代の貝塚にあった6個の糞石について花粉分析を行った。いずれの糞石もハンノキ属、スギ属、アカガシ亜属、エノキ属－ムクノキ属が優占する。この花粉組成は糞石を埋めていた土壌から得られたものとよく似ており、これは周辺の植生から散布した花粉を空中、水、食物から人間の体内に取り込まれたためと解釈した。コウホネ属、フサモ属、ガマ属といった水生植物の花粉は湖の縁に生育するハンノキ花粉とともに飲み水を通して、ツバキ属、コナラ亜属、アカガシ亜属、シイ属、クリ属、オニグルミ属などはこれらの種子や果実が縄文人の重要な食料源であったから食物を通して、それらが体内に入ったとする。

辻 (1981) は同じく鳥浜遺跡の2個の糞石の分析を行い、安田とほぼ同様の結果を得た。辻の解釈はYasuda (1978) の解釈に加え、排泄物が糞石化する過程で、土壌中の花粉群集が取り込まれる可能性をあげている。そして、さまざまな解釈ができる現状では、糞石の花粉分析をして、その資料から単純に動物ないし人間の食性や行動を論ずるのはあまりにも実りのないこととし、糞石そのものの研究に問題を提起している。

コラム23 石棺内で検出されたベニバナ花粉

金原・金原 (1993) は、斑鳩藤の木古墳の石棺内の堆積物からベニバナ花粉を検出した。ベニバナとともにコナラ属アカガシ亜属とイネ科花粉が高率で検出されたが、石棺内の場所によって花粉群の出現傾向が異なり、それは、風媒花であるコナラ属アカガシ亜属、イネ科と虫媒花であるベニバナとではその搬入経路が異なるためとした。石棺内に流れ込んだ粘土、シルトなどの堆積物がないことにより、花粉は閉棺前に供給されたとし、コナラ属ア

カガシ亜属、イネ科は空中から飛散したもの、ベニバナは人為的な搬入と考えられた。ベニバナ花粉は赤色顔料の多い試料に多産する傾向にあるので、遺物に付着して入るというよりもベニバナ花粉がこの顔料に含まれていた可能性が高いとする。ベニバナの花序は顔料などの色料以外に生薬などの薬用として使用されることから、その可能性もあるが、同時に分析された消化管内容物残渣はまったく検出されなかったことから、判断することができない。

藤の木古墳がベニバナ花粉を明瞭に記載した最初の検出例で、このほか、畿内の纒向・池上・発心院・平城京跡などの遺跡から見出されている。

コラム24　綿の栽培

兵庫県高砂市高砂町遺跡は近世都市遺跡で、その第1遺構面から礎石建物跡、井戸、土坑、ピットと畑の畝跡が検出された。この畑の畝跡の土壌の植物化石分析を行った結果、ワタ花粉および畑雑草の種子が検出され（南木睦彦氏の同定による）、当時綿栽培が行われていたことが確認された（松下 1999）。日本での綿作が定着するのは戦国時代（1467-1568年）であるが、播州木綿は江戸時代中期から幕末期（第3期）とされ、この期における木綿織りの発展は驚異的なものであったようである。しかし、外綿におきかえられ大正時代には消滅した。高砂町での綿栽培の期間は、江戸時代中期以降、遺構上に小学校を建設した明治33年までの間といえる。

4　稲作史研究に対する花粉分析の寄与

最近の調査で稲の栽培は7-8000年前に長江中・下流域で始

まったとする説が有力であるが、さらに江西省万年県仙人洞遺跡での分析でその起源は1万年を超えたとされている（徐 1998）。しかし日本に稲作が伝来するのはそれからずっと後のことである。日本列島における稲作農耕文化が、いつ、どんな人たちによって、どのような経路で伝わり、いつ頃、どこで始められ、どのように波及していったかという稲作に関わる問題に対して、考古学的な研究はもちろんのこと、自然科学の立場からもその解明が進められてきた。

　藤則雄は、「稲作の起源」の追求にあたって「古代の稲作耕土そのものを捜しあてること」を目指し、花粉分析の方法を用いた。まずイネ科の各種、各属について花粉の直径を測定し、穀類では$40\mu m$以上の大きさがあるのに対して雑草の直径はそれ以下であることを確かめた。そして、穀類の中で湿地性の花粉群を随伴するかどうかでイネ（水稲についてのみになるが）とヒエ、アワ、ムギを区別した。水田耕土の判定は、(a) 稲の花粉が含まれること、(b) 稲の花粉頻度が30％以上であること、(c) 稲の花粉頻度が最高率であることとした。これらの条件をもとに、福井市東大寺領道守庄（1968）、岡山県津島遺跡（1969）、静岡市登呂遺跡（1987）などから水田耕土を確認した。また、花粉分析のほか、土の中のC・N（炭素・窒素）の含有率、炭質物・植物繊維の混入率、稲の植物珪酸体の存在度などのチェックも行った。さらに縄文稲作の有無を確認するため、実験考古学と称して実験田での原始稲作の再現を行い、稲花粉の頻度と収穫籾の比較を行った。そして金沢市近岡遺跡におい

て縄文晩期の土器包含層からイネ花粉を検出したのである（藤・四柳 1970）。

中村純（1974、1977）はこれまで花粉粒の大きさによって栽培型と野生型を区別していたものを、位相差顕微鏡を使うことによってイネの花粉を同定することができることを明らかにした。さらに水田内でのイネ花粉の移動についての観察を行うなど、基礎実験を積み重ねていった。中村を筆頭とした花粉学研究者が参加した文部省科学研究費補助金による特定研究「古文化財」では稲作の伝播について大きな成果があげられた。このことについては、Ⅵ章3－1で述べた。

ところで、塚田松雄（1974b）は農耕開始期を花粉分析的に決定する基準となる条件として、次の5つを挙げている。(a) 樹木花粉の絶対量の減少、(b) 草本花粉の絶対量の増加、(c) 雑草（植物群落遷移で最初に侵入する陽地性植物）花粉の連続的出現、(d) 農作物の花粉の連続的出現、(e) この状態が自然界での植物群落遷移の時間の単位を越えて連続していること。日本でこれらの問題に注目して研究を行ったのは野尻湖（Tsukada 1966b）が初めてであり、イネ科（栽培種）が出現しはじめる時代を花粉帯 RⅢa/RⅢb の境界期、その^{14}C 年代から約1500年前とした。日本の弥生文化は新しい農耕技術をもって紀元前450年ころ九州に上陸し、その後本格的な農耕活動は中部地方まで急速に伝播し、古墳時代の人々は日本のいたるところで温帯林を徹底的に焼き払ったとした。中部地方の低地では森林の約70％が破壊されたと推定している。RⅢb 帯はマツ

属の優占期とされ、森林破壊によるマツの二次林が拡大したものと考えられている。また野尻湖ではソバ花粉化石が発見され、その起源は約1500年前までさかのぼり、裸地には穀類やソバが広範囲に栽培されはじめたとする。今後は位相差あるいは電子顕微鏡による方法で、花粉の同定をするべきであると述べ、前出の藤則雄（1973）の琵琶湖堆積物中のイネ（*Oryza*）花粉の報告をはじめ花粉の同定について、痛烈な批判を行った。

さて、稲作の起源と伝播に関する基礎研究が1960年代から藤、中村、塚田らによって始められ、1980年代には中村純、畑中健一、日比野紘一、三好教夫、山中三男ら花粉学研究者が参加した文部省科学研究費補助金による特定研究「古文化財」により、花粉分析の結果から、縄文晩期に渡来した稲作が九州を基点に北方へ拡大する様子が明らかにされた。日本列島における稲作農耕の波及は遠賀川系土器をもった人々が北九州から西日本さらには東日本へ移住するのに伴うもので、それは弥生文化の伝播とほぼ同じと考えられていた。しかし、外山・中山（1992）、外山（1994、1995）は稲作を受け入れた列島各地における文化的変容は必ずしも一様にはとらえられることはできないとし、稲作農耕文化要素を①稲、②稲作技術、③生活様式の3つの資料群に分類し日本の稲作の開始と波及について再検討した。このうち第1次資料群①は稲作農耕の存在を直接的に実証し得る植物遺体資料で、大型植物遺体（炭化米、籾殻、稲藁）、微化石（イネの花粉、プラント・オパール）、籾殻圧痕土器が含まれる。またイネ属花粉とマツ属花粉の増加が一致しない場合も

みられ、稲作の開始と森林破壊によるマツの二次林の拡大は時期的に一致しない地域もあることがわかってきた。しかし、それ以降、稲作農耕に関して新しい視点での花粉分析からの寄与はなく、基礎研究の充実もみられなかった。イネ花粉の同定が普通の生物顕微鏡ではむずかしいこともあげられるが、一方で広範囲でより精度の高い発掘調査が求められるようになり、埋没水田の検出、稲の収穫量の推定などにプラント・オパール分析がしばしば使われるようになったことにも原因がある。

　守田（1996）は、近年、緊急発掘調査が多い中で、あらかじめ埋没水田遺構の層準がわかっていれば、より効率的な調査の実施が期待でき、この目的のために従来よく用いられてきたプラント・オパール分析だけでなく、花粉分析の方法を利用したいと考えた。仙台市富沢遺跡から見つかった埋没水田遺構を例として、水田遺構の層準とそうでない層準とにおけるイネ属（*Oryza*）花粉の出現率の関係を基礎資料として提示した。鈴木・中村（1977）は Gramineae（イネ科）花粉に対する *Oryza*（イネ属）花粉の比率が30％以上を示す堆積物は水田堆積物である可能性が高いとした。しかし、守田（1996）は古い水田堆積物でその比率が低くなる傾向を見出し、それは時代による集約度の違いと考えた。そこで、*Oryza*（イネ属）花粉に対する雑草（NAP非樹木花粉＋FSシダ胞子）の比率をみることにより、この値が5％以上であれば埋没水田堆積物と見て大きな間違いはないとした。ただ、これが他の遺跡で適用できるか、また、二次堆積の問題などの考慮、さらに水平・垂直方向への移

動などの動態研究も十分行う必要があるとしている。

　現在では、DNA分析などを駆使し、稲作農耕の起源やルートについて、新しい報告が相次いでいる。また、AMS（加速器質量分析法）による炭素14年代測定により、弥生時代のはじまりが500年早まるという説も出され、水田稲作の開始期や広がり方の説明も変わる可能性がある。しかし、花粉分析による基礎資料の集積はいずれの場合にも使うことができるものであるから、地道な努力がこれからも必要であると考えられる。

Ⅶ 自然科学調査の総合化

1 兵庫県の場合

　日本における遺跡発掘に伴う自然科学調査は、現在では普通に見られるようになったが、兵庫県下では早くから取り入れられてきた。すでに1971年の、川島・立岡遺跡（植物遺体分析：三木茂、花粉分析：前田保夫）の例にみられる。

　また、関連する自然科学分析の総合化も、1978年、播磨・長越遺跡（中西ほか 1978）によって試みられ、古環境の復元とともに、当時の人々の生活と植物の関連について考察されている。嶋倉巳三郎氏（材）、粉川昭平氏（種子）の資料の使用を承諾していただき、前田の花粉分析資料をあわせ、植物生態学研究者の中西哲と前田保夫、松下まり子による討論をもとに文章化したものである。3つの資料を総合してみると、実際にはごく常識的な結論にしか達しなかったように思われたが、それぞれの結果をクロスチェックしたり、それぞれの方法では得られなかった結果を相互に補うことができ、以前より総合的・合理的に把握することができた。今後は何を目的として調査を行うのかを考古学研究者と自然科学研究者の間で納得しあい進め

ていかなければならず、さらに地理、地質等の関係研究者の参加が必要であろうと結んでいる。

兵庫県下ではこのような土壌が早くから培われており、1980年代後半には丹波地方の旧石器遺跡である西紀町板井・寺ケ谷遺跡、春日町七日市遺跡で、1990年代には縄文時代を中心とする神戸市垂水・日向遺跡や淡路島津名郡の佃遺跡で、自然科学プロジェクトチームが結成され、調査・研究やシンポジウムが行われた。また、日本文化財科学会による文化財科学関連文献目録のデータベース作成のための資料収集を松下勝が担当し、兵庫県植生史研究会の協力のもとに目録を作成した（兵庫県植生史研究会 1993）。

兵庫県下では、1995年の兵庫県南部地震の後、復興計画の中で発掘調査が次々と行われたが、時間と予算の関係もあったのか、自然科学調査は下火となった。開発地域が県北部に集中するようになり、最近ではふたたび春日町七日市遺跡において県立人と自然の博物館がメンバーとなり調査が進められている。また、考古科学談話会が地方自治体の若手発掘技術者を中心に開催され、現在17回を数えている。

2 垂水・日向遺跡での自然科学調査の取り組み

垂水・日向遺跡での花粉分析結果からみた縄文海進期の植生変遷についてはⅥ章2で紹介したが、この報告書（神戸市教育委員会 1992）では、数々の自然科学的調査が取り入れられ、

その結果を発掘担当者（千種、谷）が、「自然科学分析の成果について（第5章第3節）」、「まとめ（第6章）」として総括している。自然科学分析は放射性炭素年代（木越）、珪藻（熊野・西海・奥泉）、火山灰（檀原）、花粉（松下）、木材（能城・鈴木）、プラント・オパール（松田）、大型植物（南木）、地形環境（高橋）であった。

この調査は駅前再開発計画に伴うもので、1988年に始められた第1次調査で縄文時代から中・近世にかけての遺構、遺物が確認され、なかでも、縄文時代中期以前の人間の足跡、縄文時代後期〜晩期の自然木が発見されたことなどから、自然科学調査が当初から必須であった。とはいえ、担当者の力量によるものが大きく、シンポジウなども開催され、報告書では第6章まとめに、1．縄文時代（1）環境、（2）遺構—人間の足跡、足跡の時期、植物化石の出土、植物化石の時期、（3）遺物—縄文土器、土器からみた砂礫層の堆積時期の違い、縄文時代の集落の存在について、2．弥生時代〜古墳時代（1）湿地状地形—水田遺構の可能性、（2）遺構、（3）遺物、3．平安時代〜鎌倉時代（1）遺構—掘立柱建物址、建物群、建物群の性格、（2）遺物、4．中世〜近世の項目がたてられ、それらについて考古学の立場から要約されている。そしてむすびでは「人間の足跡等の発見だけでなく鬼界アカホヤ火山の降灰層の発見や、自然科学分析、地形環境分析によって、遺構、遺物だけでは判らない当時の自然環境のありさまを知って、垂水・日向遺跡の在り方をより巨視的にとらえることを行い、かつ本報告書

に採り入れることができたのは大きな成果であった」とまとめている。

　この調査はその後、1999年の第16次調査まで12年間にわたって行われた。花粉分析に関してはその後、第7次、第10次調査の中で、アカホヤ火山灰の影響や足跡の検出されたさらに下位層準のボーリング試料を分析した。しかし残念なことに、この地域は戦後急速に市街化されたところで、立ち退き問題などを解決しながらの部分的な発掘調査が続き、担当者も時々で変わってきた。いっせいに発掘調査ができていたなら、もっと多くの情報を得ることができ、また、そのための調査方法も考えられたであろうし、垂水・日向遺跡全体の総括もできたのであろう。

3　垂水・日向遺跡での植物化石結果のまとめ──縄文後・晩期層を例にして

　さて、植物化石については、花粉を松下が、木材を能城・鈴木が、大型植物を南木が分析を担当し、それぞれを報告した。シンポジウムでは三資料をまとめ、古環境分析を行う機会があったが、ここでもう一度、おびただしい木材が出土した縄文後・晩期の層での結果を一覧表（表3）にまとめ、総合化の利点を中心に若干の考察を試みる。なお、表には三者を比較するため、木本分類群に限り、1次C地点と3次地点をとりあげた。1次C地点は砂礫層で、木材はその砂礫層上面と砂礫層

表3　垂水・日向遺跡縄文時代（中）後・晩期層出土植物化石一覧

分類群	1次C地点 花粉 (%)	1次C地点 大型植物	1次C地点 木材	3次 大型植物	3次 木材	総合(ゴチックは周辺植生) 種　　属
C-T-C	7.5 – 14.3					
カヤ		4	14	7	2	カヤ
イヌガヤ		3	7	1	1	イヌガヤ
マキ属	0.5 – 2.0		62			
イヌマキ		2				イヌマキ
モミ属	0.5 – 9.5	159	31	168		
モミ		4		5		モミ
ツガ属	0.0 – 2.6	14	2			ツガ属
マツ属複維管束亜属	1.9 – 9.2	2	1	2		
クロマツ		7		1		クロマツ
アカマツ		7	6			アカマツ
スギ属	1.0 – 6.3					スギ属
コウヤマキ属	0.0 – 1.0					コウヤマキ属
ヤマモモ属	0.5 – 5.1					
ヤマモモ		1	3	2		ヤマモモ
クマシデ属	2.8 – 7.1					
クマシデ属イヌシデ節			12		1	
イヌシデ		10		2		イヌシデ
カバノキ属	0.0 – 1.1					カバノキ属
ハンノキ属	0.5 – 2.0					ハンノキ属
オニグルミ属	0.0 – 1.0					オニグルミ属
エノキ−ムクノキ属	0.0 – 6.1					
ムクノキ		2	8			ムクノキ
エノキ属			6		1	エノキ属
ニレ−ケヤキ属	0.7 – .3.7					
ケヤキ		9	17	3	3	ケヤキ
ブナ属	0.0 – 0.5					ブナ属
コナラ属		22		29		コナラ属
コナラ属コナラ亜属	0.5 – 5.1					
コナラ属クヌギ節			1			コナラ属クヌギ節
コナラ属コナラ節			16			
コナラ				1		コナラ
コナラ属アカガシ亜属	22.4 – 65.6	10	80	20	13	
イチイガシ		49		36		イチイガシ
アカガシ近似種				3		
アラカシ		13		6		アラカシ

シラカシ		8		3		シラカシ
シイ属	10.1 - 23.5			3		
スダジイ			6			スダジイ
コジイ（ツブラジイ）			1	1		コジイ
クリ属	0.0 - 1.0					
クリ			1		2	クリ
クワ属		3		1		
ヤマグワ			7		6	ヤマグワ
クスノキ		7	38	3	1	クスノキ
シロダモ			3			シロダモ
クロモジ属			1			クロモジ属
ヤブツバキ		2	10	1	8	ヤブツバキ
サカキ		10	2	18		サカキ
ヒサカキ			7	11		ヒサカキ
ネムノキ			3			ネムノキ
フジ属		11		10		
フジ			1			フジ
サンショウ属	0.5 - 1.0					
サンショウ			1			サンショウ
カラスザンショウ			1			カラスザンショウ
キハダ属						
キハダ			1			キハダ
アカメガシワ			1	1		アカメガシワ
センダン			2	2		センダン
モチノキ科	0.0 - 0.5					
ナナミノキ				1		ナナミノキ
カエデ属	0.0 - 2.1					カエデ属
カエデ属B		1				
イロハモミジ近似種		3				
ウリハダカエデ近似種		1				
トチノキ属	0.0 - 0.5					
トチノキ				2		トチノキ
ムクロジ		1	10	6	2	ムクロジ
ブドウ属		4		1		
ノブドウ			1			ノブドウ
クマノミズキ類			4		1	
クマノミズキ			6	4		クマノミズキ
エゴノキ			4	4		エゴノキ
ハクウンボク				1		ハクウンボク

ハイノキ属	0.0-1.5				
クロバイ		1		2	クロバイ
ニワトコ		6	1		ニワトコ
バラ科					
サクラ属					1
サクラ属サクラ節		1		1	サクラ属サクラ節
キイチゴ属		1		1	1	キイチゴ属
モクレン属					モクレン属
ウコギ科	0.0-0.5				
タラノキ属		11		1	タラノキ属
イイギリ		10		1	イイギリ
グミ属	0.0-0.5				グミ属

中、花粉と大型植物は砂礫に挟在する泥炭層から検出したものである。3次地点はアカホヤ層を削る砂礫層で、花粉分析は行っていない。

　花粉では26分類群、木材では32分類群、大型植物では47分類群が同定された。同定のレベルは花粉ではそのほとんどが属であるが、木材と種子や葉などの大型植物とのクロスチェックによって、種を推定することができる。また、木材と大型植物との間でも同様のクロスチェックができる。三者がそろって検出されると遺跡の近辺に生育していた可能性が高い。たとえば、針葉樹ではカヤ、イヌガヤ、イヌマキ、モミが出土数も多く、周辺に分布していたであろう。クロマツ、アカマツはさほど多くないが海岸近くに生育していたであろう。ツガ属はおそらくツガである。スギ属とコウヤマキ属は花粉のみで出現率も低いので、おそらく遠方から搬入されたものであろう。広葉樹ではヤマモモ、ムクノキ、ケヤキ、スダジイ、コジイが確定され、イヌシデを含むクマシデ属、エノキ属、ヤブツバキ、サカキ、

ヒサカキ、フジ、ムクロジ、クマノミズキ、ニワトコなどが周辺に分布していた。花粉では検出できないクスノキは種子と木材で確認される。森林の主要構成樹種であるブナ科については、花粉ではコナラ亜属とアカガシ亜属を分けることができ、木材ではさらにコナラ属をクヌギ節、コナラ節に分類できる。また、スダジイ、コジイ、クリの同定も可能である。さらに、果実、葉では多くの種が同定できる。ここではコナラ、イチイガシ、アラカシ、シラカシ、スダジイ、コジイなどが同定されている。このように、植物体の異なった部位を総合することによって、多くの種が決定できる。また、その産出状況によって、それらの搬入経路などが推定され、その植物がどこに生育していたかがわかる。

　検出された植物化石を総合して推定される遺跡周辺の森林はイチイガシを主体としアラカシ、シラカシなどの複数のカシ類やシイ、クスノキを中心とし、モミ、カヤ、イヌガヤ、イヌマキなどの針葉樹や、ムクノキ、ケヤキ、イヌシデ、イイギリ、クマノミズなどの落葉広葉樹、ヤマモモ、ヤブツバキ、サカキ、ヒサカキなどを伴う豊かな照葉樹林である。木材ではその直径が測定されており、アカガシ亜属やクスノキに大型のものが多く、クスノキには150cmに達するものもあった。そのほかの樹種も30〜40cmを越えるものが多く、立派な照葉樹林が分布していたことがわかった。

コラム25 縄文人の足跡

　垂水駅前再開発ビル、レバンテ垂水１番館の地下１階の片隅に、垂水・日向遺跡から出土した遺物が展示されている。ほとんど人に気づかれないコーナーで、私も偶然、閉館後の出口を探していて見つけた。垂水・日向遺跡の発掘調査は、市街地再開発事業に伴って、神戸市が1988（昭和63）年の第１次調査から1999（平成11）年の第16次調査まで、12年にわたって行ったものだ。発掘調査後記録保存という形で順次埋め戻され、駅の東にレバンテ２、３番館が、そして駅の西にウェステが建設され、そして最後にレバンテ１番館がこの３月にオープンした。廉売市場を中心にした町の佇まいも、人の流れもすっかり変わってしまった。そして垂水の浜辺も埋め立てられ、昔の面影はまったくなくなってしまった。海神社の西方にはマリンピア神戸、アジュール舞子というお洒落なリゾート地が造成され、明石海峡大橋を眺めながらの食事やアウトレットショップでの買い物をする客で賑わっている。
埋め戻された遺跡の上に敷き詰められたタイル煉瓦の歩道を歩きながら、なんとも複雑な気持ちがして、涙が流れそうになった。この足下には、干潟を歩く縄文人の親子の足跡が残されている。この縄文人の足跡は私の祖先のものかもしれない。私の父は垂水の浜の網元の出で、おそらく古代から営々と続けられてきた漁師の血が私にも流れているに違いない。私はこの垂水・日向遺跡の１～10次調査の中で、自然科学調査の一部、「花粉分析からみた植生復元」を受け持った。

　地下に堆積する土の中には、さまざまな過去の記録が残されている。その中で、種子・葉、木材や花粉などの植物の化石から、当時の植生や環境が復元できる。植物の花の雄しべで作られる花粉のうち、本来の使命である受粉にたずさわらなかった大多数のものが、湿地や池、湖、海などに散布、流入され堆積すると、花

粉の外膜が化石となって数千〜数百万年といった長い間保存される。このような花粉化石を堆積物から抽出し顕微鏡で調べる。調べられた花粉からその親植物がわかり、その組み合わせから過去の植生が復元できる。この一連の手法を花粉分析という。垂水・日向遺跡の発掘調査では縄文時代〜中・近世にかけての遺構・遺物が確認された。縄文時代では約7000年前（^{14}C 年代値を使用、以下同じ）の干潟に残る人の足跡のほかに6300年前に大爆発を起こした九州の鬼界カルデラから飛んできたアカホヤ火山灰層や約3500年前の洪水で流されて溜まったおびただしい数の木材などが検出されている。このような状況の中で、年代測定と地形環境・火山灰・珪藻・植物化石の各分析がなされ、考古学と自然科学両分野からの検討が行われたのである。

　旧石器人が住んでいた最終氷期には、現在より気温は7〜8度低く、海面が120m程低下していたといわれている。その後気候が急激に温暖化し、縄文時代の約6000年前頃には、海面が2〜3m上昇し現在より温暖であったと考えられている。垂水・日向遺跡で分析した花粉化石群からはこの温暖化に伴って変遷する森林の様子がよくわかる。人の足跡がみられる干潟が広がっていた頃は、モミ、カヤといった針葉樹とコナラやシデ類、ケヤキ、エノキ、ムクノキなどからなる落葉広葉樹林が分布していた。一方、アカホヤ火山灰降下後では大きく異なり、カシ類やシイ、ヤブツバキ、ヤマモモ、モチノキ、テイカカズラなどの多様な植物からなる照葉樹林が繁茂していた。ここでは直径1m程のクスノキの大木も発掘されている。現在みられる植物相の原形はこの頃できあがったと言える。

　7000〜6000年前頃のレバンテ周辺は、浅い海と潟が繰り返されていたが、その後の福田川の度重なる氾濫によって、洪水砂が厚く堆積し陸地となった。弥生〜古墳時代になると、自然堤防間の湿地で稲作が始められ、それ以降われわれの祖先の生活がこの地

で続けられてきたのである。その証拠として、須恵器・土師器の皿や椀等の生活用品、土錘、蛸壷などの漁労具、製塩土器などの生産用具、牛耕作痕などが多数検出され、それらの遺物が保存・展示されている。

(2000年3月記『ぼくビッケ』より)

Ⅷ　情報公開

1　保存と公開

　花粉分析によって導き出された結果は一覧表や花粉ダイアグラム、写真図版などとともに報告書として作成され公表される。これらは統計処理をした資料としての情報である。発掘調査によって得られた土器や石器などの遺物、骨や貝殻などの動物遺体、木製品などの植物遺体は実測図や写真として記録され、埋蔵文化財調査機関や歴史系博物館で保存される。一方、植物遺体の中でも花粉などの微化石や種子・果実などは、人間と植物のかかわりを知るために重要なものであっても、むしろ植物学的な標本として、検討にあたった研究者のもとに保存されることが多い。抽出された花粉は集合標本として、管ビンなどのグリセリンやグリセリンゼリー中で保存される。また、同定・計数を行ったプレパラート標本および代表的な花粉の単体のプレパラート標本も保存される。これらはいつでも再検討できるように整備・保管し公開されなければならず、報告書にはこれら標本がどこに保管されているかを明記するべきである（図30－1、2、3）。

図30－1　花粉・胞子化石の単体標本（神戸市戎町遺跡）

Ⅷ 情報公開 115

図30-2 プレパラート標本の保管

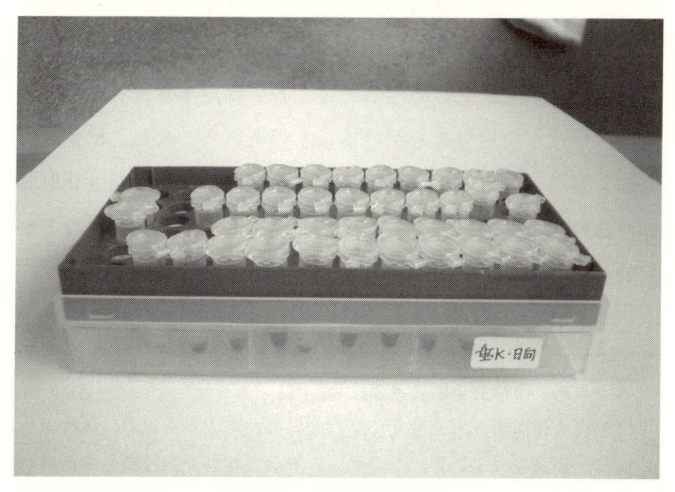

図30-3 集合標本の保管

埋蔵文化財調査が単に人工遺物・遺構を調査するだけではなく、環境や生業といったことを知るために植物遺体などの調査を並行して行うことがごく普通になってきた現在、花粉標本を含めた植物遺体標本の保管と公開は各地の埋蔵文化財調査機関で行うのが望ましい。さらに植物遺体の保管だけではなく、堆積物、とくに層位的に採取された柱状試料の保存が必要である。近年は文化財資・試料の保存と公開への理解が浸透し、文化財収蔵施設も各地で整備されつつある。たとえば1991年に建設された神戸市埋蔵文化財センターには恒温恒湿の特別収蔵庫があり、保存処理を行った木質遺物、材のプレパラート、微化石のプレパラート、土壌試料が一括して保管されている。また、見学者も収蔵庫内を廊下の窓から見ることができるように設計され、さらには大型植物化石の一部は啓発事業の材料にも活用されている（千種 1996）。しかし、このような施設はまだ全国的には少ないので、さしあたっては、各植物遺体研究者がその公開を前提にした保管を心がけることであろう。なお、植生史研究第4巻第2号の特集『標本の保存と公開』に「埋蔵文化財調査における植生史研究資料の保存と公開」（千野 1996）などが掲載されているので参照されたい。

コラム26　研修会（図31-1、2）
　奈良文化財研究所では文化行政に携わる人々を対象に各種の研修が開講されている。なかでも、埋蔵文化財発掘技術者専門研修のひとつに「環境考古学研修」がある。1978年の第1回「自然

Ⅷ　情報公開　117

図31−1　奈良文化財研究所における研修風景（1）（平成15年埋蔵文化財発掘技術者専門研修「遺跡環境調査課程」）

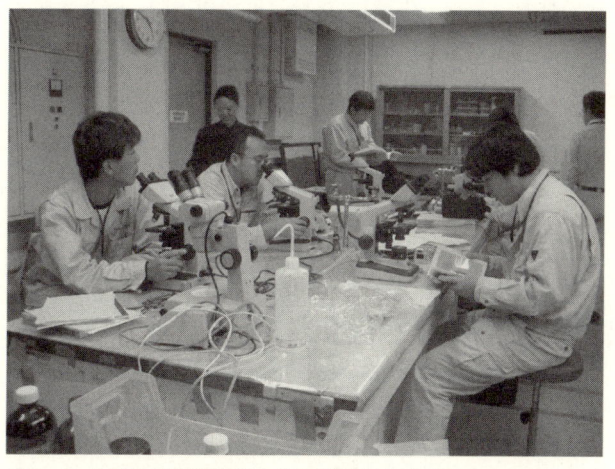

図31−2　奈良文化財研究所における研修風景（2）（検鏡しているところ）

> 遺物過程」にはじまり、1981年に「環境考古課程」、そして現在では「遺跡環境調査課程」と名称は変化したが、25年間にわたって続けられている。花粉をはじめ種実や樹種などの植物化石、貝や昆虫、ほ乳類等の動物化石のほか、地形や地層の見方、土壌、テフラや年代法などの内容が取り揃えられている。研修で得た情報や体験は日々の発掘調査に活かされている。

2　関連学会・刊行物とデータベース

刊行物

　花粉分析の発展に大きく寄与した専門書に中村純の『花粉分析』（1967）があげられる。この書は花粉分析法の発達史から花粉の性質（形態・生態）、花粉分析法の実際、欧州・北米大陸・日本の後氷期の植生変遷史まで花粉分析に必要な情報をまとめた初出の入門書である。その後、徳永重元の『花粉分析法入門』（1972）、塚田松雄の岩波新書『花粉は語る』（1974a）、生態学講座『古生態学Ⅰ・Ⅱ』（1974b）などが相次いで出版された。安田喜憲のNHKブックス『環境考古学事始』（1980）は、日本の古代文化の形成・発展に自然環境の変遷がいかに大きく関与してきたかを考察しようとする環境考古学の視点に立って花粉分析の成果を取り上げたもので、考古・自然両分野の研究者にとって大変新鮮な読み物となった。同時期に刊行された前田保夫の『縄文の海と森』（1980）、さらに安田の『森林の荒廃と文明の盛衰』（1988）なども花粉分析の普及に貢献し

た。1996年には G. W. デイムブレビ著、齋藤昭訳『考古遺跡の花粉分析』によりヨーロッパでの土壌および遺跡の花粉分析の事例が紹介された。最近では辻誠一郎の考古学と自然科学シリーズ③『考古学と植物学』(2000) が出版された。

定期刊行物としては『考古学と自然科学』(日本文化財科学会)、『日本花粉学会会誌』(日本花粉学会)、『第四紀研究』(日本第四紀学会)、『植生史研究』(日本植生史学会)、『日本生態学会誌』(日本生態学会)、『日本林学会誌』(日本林学会)、『地質学雑誌』(日本地質学会)、"J. of Environmental Archaeology" (Association for Environmental Archaeology) などがある。

花粉化石の同定にあたっての花粉のモノグラフには島倉巳三郎『日本植物の花粉形態』(1973)、中村純『日本産花粉の標徴』(1980)、黒沢喜一郎『被子植物の花粉―走査型電子顕微鏡による観察』(1991)、胞子では那須孝悌・瀬戸剛『日本産シダ植物の胞子形態』(1986) 等がある。花粉分析を含めた花粉・胞子全体を網羅した『花粉学事典』(日本花粉学会編 1994) は花粉研究者にとって役に立っている。

データベース

日本植生史学会の前身である植生史研究会は1985年から1991年までの植生史研究関連文献のリストを会誌植生史研究の第2号 (1987年) から第3巻第2号 (1995年まで) の間掲載した。とくに遺跡発掘に伴う調査が増加し膨大な報告書が出版されているが、それらは行政機関などから少部数しか発行されていな

いため、一次データが含まれるものを中心にリストを作成することにしたものである。それぞれの文献にはコメントがついており大変便利なものであったが、年々増加する文献を収集するには大変な労力と資金がいる作業で中断している。

『図説日本列島植生史』（安田・三好 1998）の付録文献目録は日本に花粉分析が導入された1928年以降1997年までの文献が網羅されている。この文献目録作成にあたっては、1995～1996年に実施された文部省科学研究費研究成果公開促進費「東アジア花粉分析データベース」（研究代表者安田喜憲）が使用されている。

また、日本文化財科学会編の『文化財科学文献目録前編・後編』（1993、1994）は1992年までの自然科学分析全般についての文献目録である。その後、文化財科学文献データベースが、文献目録委員会によって作成され、現在1998年度までに刊行された文献が収録されている。

さらに、埋蔵文化財研究会（通称九阪研究会）は、第50回埋蔵文化財研究集会「環境と人間社会─適応、開発から共生へ─」（2001）開催時に、古環境の復元に役立つと思われる自然科学的分析のデータを各都道府県単位で収集し、CD-ROMにおさめた。このように、文化財発掘担当者から利用価値の高いデータベースが作成され利用されるようになってきている。

花粉分析、化石花粉、花粉形態に関するインターネットによるデータベースは、欧米ではすでに構築されており、中国や、ロシア、インド・太平洋、アフリカ、南米など各地で整備され

つつある。しかし、日本で構築された花粉を含めた植生史関連のデータベースは皆無に等しい状態である。詳しくは日本植生史学会情報データベース委員会報告（植生史研究9、2001）を参照されたい。なお、花粉形態に関する参考文献（出版物とインターネット上の情報）についても大井の報告（植生史研究9、2001）を参照することができる。

参考文献

幾瀬マサ 1965「やく中の花粉粒の数並びに大きさについて」『第四紀研究』4：144-149頁

岩槻邦男 1992『日本の野生植物　シダ』東京：平凡社

岩波洋造・山田義男 1984『図説花粉　走査電顕写真を中心として』東京、講談社

大井信夫 1998「堆積物中の花粉濃度を調べる方法：各種マーカーグレインの紹介」『植生史研究』6、14頁

大井信夫 2001「花粉形態に関する参考文献-出版物とインターネット上の情報」『植生史研究』9、130頁

金原正明 1998「トイレ跡は生活のるつぼ：排泄物の生物学」『遺伝』52、39-45頁

金原正明・金原正子 1993「石棺内の花粉分析および消化管内容物残渣の観察」『斑鳩藤ノ木古墳第二・第三次調査報告書（奈良県立橿原考古学研究所）』18-26頁

黒沢喜一郎 1991『被子植物の花粉-走査型電子顕微鏡による観察-』大阪市立自然史博物館収蔵資料目録第23集

神戸市教育委員会 1992『神戸市垂水区垂水・日向遺跡第1、3、4次調査（日向地区、陸ノ町地区）』

齋藤秀樹 1986「オニグルミ林分の花粉生産速度」『京都府立大学学術報告　農学』第38号、7-16頁

齋藤秀樹・竹岡政治 1983「裏日本系スギ林の生殖器官生産量および花粉と種子生産の関係」『日生態会誌』33、365-373頁

齋藤秀樹・竹岡政治 1987「壮齢ヒノキ人工林の花粉生産量」『日生態会誌』37、183-195頁

齋藤秀樹・川瀬博隆・竹岡政治 1988「東向き及び西向き斜面のミズナラ老齢林における花粉、雌花及び種子生産の比較」『京都府立大

学学術報告 農学』第40号、39-47頁

齋藤秀樹・井坪豊明・神田信之・小川 亨・竹岡政治 1990「トチノキ林の再生産器官の生産量—とくに花粉と種子について—」『京都府立大学学術報告 農学』第42号、31-46頁

佐藤洋一郎 1996『DNAが語る稲作文明－起源と展開』東京、日本放送出版協会

佐藤洋一郎 1998「DNAから栽培と農耕の歴史を探る」『遺伝』52、29-33頁

島倉巳三郎 1973『日本植物の花粉形態』大阪市立自然史博物館収蔵資料目録第5集

植生史研究会 1987「植生史研究関連文献リスト1985年」『植生史研究』第2号、66-76頁

植生史研究会 1988「植生史研究関連文献リスト1986年（付1985年補遺）」『植生史研究』第3号、61-75頁

植生史研究会 1990「植生史研究関連文献リスト1987年（付1985、1986年補遺）」『植生史研究』第5号、59-77頁

植生史研究会 1991「植生史研究関連文献リスト1988年」『植生史研究』第7号、26-37頁

植生史研究会 1992「植生史研究関連文献リスト1989年」『植生史研究』第9号、35-48頁

植生史研究会 1993「植生史研究関連文献リスト1990年」『植生史研究』1、103-112頁

植生史研究会 1995「植生史研究関連文献リスト1991年」『植生史研究』3、94-101頁

徐 朝龍 1998『長江文明の発見』東京、角川書店

鈴木功夫・中村 純 1977 稲科花粉の堆積に関する基礎研究．文部省科学研究費特別研究『古文化財』稲作の起源と伝播に関する花粉分析学的研究—中間報告—（中村 純編）1-10頁

鈴木 茂・吉川昌伸 1994「鎌倉市永福寺跡における鎌倉時代の植生

変遷」『植生史研究』2、45-51頁

ストリンガー・ギャンブル著・河合信和訳 1997『ネアンデルタール人とは誰か』東京、朝日新聞社

相馬寛吉 1976「10. 花粉・胞子」『微古生物学下巻』(浅野清編) 73-78頁、東京、朝倉書店

相馬寛吉 1978「Ⅶ. 花粉・胞子」『微化石研究マニュアル』(高柳洋吉編) 76-84頁、東京、朝倉書店

ソレッキ著・香原志勢・松井倫子訳 1977『シャニダール洞窟の謎』東京、蒼樹書房

千種 浩 1996「遺跡出土植生史関係資料の保存の実例」『植生史研究』4、80頁

千野裕道 1996「埋蔵文化財調査における植生史研究資料の保存と公開」『植生史研究』4、77-80頁

中国社会科学院考古研究所編著・関野 雄監訳 1988『新中国の考古学』東京、平凡社

張 光直著・量 博満訳 1980『考古学よりみた中国古代』東京、雄山閣

塚田松雄 1974a『花粉は語る』東京、岩波書店

塚田松雄 1974b 生態学講座14・15巻『古生態学Ⅰ・Ⅱ』東京、共立出版

塚田松雄 1967「過去一万二千年間:日本の植生変遷史Ⅰ」『植物学雑誌』80、323-336頁

辻 誠一郎 1975「花粉化石のための単体標本について」『地学研究』26、253-257頁

辻 誠一郎 1979「花粉群集に関する基礎的問題」『第四紀研究』17、239-242頁

辻 誠一郎 1981「完新世の糞石中の花粉群集」『Study of Droppings』2、121-125頁

辻 誠一郎 1984「井戸内堆積物の季節性」『古文化財の自然科学的研

究』492-493、東京、同朋舎出版

辻　誠一郎　2000『考古学と自然科学-③考古学と植物学』東京、同成社

デインブレビイ著・齋藤　昭訳　1996『考古遺跡の花粉分析』東京、古今書院

德永重元　1972『花粉分析法入門』東京、ラテイス

外山秀一　1994「プラント・オパールからみた稲作農耕の開始と土地条件の変化」『第四紀研究』33、317-329頁

外山秀一　1995「稲作の波及と初期水田の立地」『古代の環境と考古学』186-216、東京、古今書院

外山秀一・中山誠二　1992「日本における稲作の開始と波及」『植生史研究』9、13-22頁

中西　哲・前田保夫・松下まり子　1987「総合的考察による古環境の復元」兵庫県文化財調査報告書第13冊『播磨・長越遺跡』兵庫県教育委員会、378-382頁

中村　純　1952「花粉分析法よりみた本州・四国・九州地方に於ける比較的最近の樹種変遷について」『植物生態学会報』2、18-29頁

中村　純　1967『花粉分析』東京、古今書院

中村　純　1974「イネ科花粉について―とくにイネ（$Oryza\ sativa$）を中心として―」『第四紀研究』13、187-196頁

中村　純　1977「稲作とイネ花粉」『考古学と自然科学』第10号、21-30頁

中村　純　1980「花粉分析による稲作史の研究」『考古学・美術史の自然科学的研究』（古文化財編集委員会編）、185-204頁

中村　純　1980『日本産花粉の標徴Ⅰ、Ⅱ（図版）』大阪市立自然史博物館収蔵資料目録第12、13集

中村　純　1981「花粉から分かる稲作の苦闘」『科学朝日』481号、44-47頁

中村俊夫　2000「^{14}C 年代から暦年代への較正」『日本先史時代の^{14}C 年

代』日本先史時代の¹⁴C 年代編集委員会、日本第四紀学会、21‐39頁

那須孝悌 1981「縄文人は栽培ソバを食べた？」『科学朝日』481号・52‐55頁

那須孝悌・瀬戸 剛 1986『日本産シダ植物の胞子形態Ⅰ、Ⅰ（図版）』大阪市立自然史博物館収蔵資料目録第16、17、18集

那須孝悌・山内 文 1980「縄文後期・晩期低湿地遺跡における古植生の復元 福井市浜島遺跡、青森県亀ケ岡遺跡の調査例」『考古学・美術史の自然科学的研究』（古文化財編集委員会編）、158‐171頁

奈良貴史 2003 岩波ジュニア新書『ネアンデルタール人類のなぞ』東京、岩波書店

日本花粉学会編 1994『花粉学事典』東京、朝倉書店

日本植生史学会情報データベース委員会 2001「植生史研究に関するデータベース」『植生史研究』9、126‐129頁

日本文化財科学会編 1993『文化財科学文献目録前編』

日本文化財科学会編 1994『文化財科学文献目録後編』

能城修一・鈴木三男 1992「垂水日向遺跡から出土した木材化石」『神戸市垂水区垂水・日向遺跡第1，3，4次調査（日向地区，陸ノ町地区）』，神戸市教育委員会、199‐232頁

日比野紘一・安田喜憲 1973「宮城県内における空中花粉と植生との関係」『東北地理』25、224‐230頁

兵庫県植生史研究会 1993「兵庫県の考古学と自然科学」『播磨をめぐる弥生文化』405‐459頁

藤 則雄 1968「福井市南西郊の東大寺領道守庄旧耕土の花粉学的研究」『第四紀研究』7、75‐100頁

藤 則雄 1969「岡山県津島遺跡の花粉学的研究―花粉による日本の稲作の起源を求めて」『考古学研究』16、46‐65頁

藤 則雄 1973「びわ湖堆積物の古生物学的研究Ⅰ花粉学的研究」『陸水学雑誌』34、97‐102頁

藤　則雄　1987『考古花粉学』東京、雄山閣

藤　則雄・四柳喜章　1970「金沢の縄文晩期近岡遺跡からの稲の発見―花粉による日本の稲作の起源を求めて（2）―」『考古学研究』17、9－28頁

堀　正一　1952「加茂遺跡泥炭層の花粉分析について」『加茂遺跡―千葉県加茂独木舟出土遺跡の研究』三田史学会、131－134頁

埋蔵文化財研究会　2001「資料編　都道府県別データベース解説」『埋蔵文化財研究集会発表要旨集』、188－245頁

前田保夫　1980『縄文の海と森』東京、蒼樹書房

町田　洋・新井房夫　1992『火山灰アトラス』東京、東京大学出版会

町田　洋・新井房夫　2003『新編火山灰アトラス』東京、東京大学出版会

町田　洋・大場忠道・小野　昭・山崎晴雄・河村善也・百原　新　2003『第四紀学』東京、朝倉書店

松下まり子　1981「播磨灘表層堆積物の花粉分析―花粉組成と現存植生の比較―」『第四紀研究』20、89－100頁

松下まり子　1982「播磨灘表層堆積物の花粉分析―内海域における花粉・胞子の動態―」『第四紀研究』21、15－22頁

松下まり子　1988「水域における花粉の運搬と堆積」『植生史研究』第3号、3－11頁

松下まり子　1992「垂水・日向遺跡の花粉化石と古環境」『神戸市垂水区垂水・日向遺跡第1，3，4次調査（日向地区，陸ノ町地区）』、神戸市教育委員会、187－197頁

松下まり子　1993a「Ⅱ試料採取法2化石編2．2微小植物」『第四紀試料分析法1試料調査法』（日本第四紀学会編）、27－28頁、東京、東京大学出版会

松下まり子　1993b「Ⅱ化石編1微小植物1．1花粉・胞子」『第四紀試料分析法2研究対象別分析法』（日本第四紀学会編）、228－235頁、東京、東京大学出版会

松下まり子 1999「高砂市高砂町遺跡での綿栽培」『ひょうご考古』5、97-100頁

松下まり子 2003「花粉の見方」『環境考古学マニュアル』(松井　章編)、128-137、東京、同成社

南木睦彦 1986「第四紀大型植物化石研究の課題と問題点」『植生史研究』第1号、19-27頁

南木睦彦 1992「垂水・日向遺跡の大型植物化石と古環境」『神戸市垂水区垂水・日向遺跡第1，3，4次調査(日向地区，陸ノ町地区)』、神戸市教育委員会、241-260頁

南木睦彦・辻　誠一郎 1996「上総国分尼寺遺跡の井戸内堆積物から産した植物化石群」『植生史研究』4、25-34頁

三宅　尚・中越信和 1998「森林土壌に堆積した花粉・胞子の保存状態」『植生史研究』6、15-30頁

守田益宗 1996「仙台市富沢遺跡における埋没水田堆積物の花粉分析学的研究」『日本花粉学会会誌』42、51-56頁

山中三男 1983「リュツオ・ホルム湾周辺地域の花粉の分布と環境(Ⅰ)」『昭和57年度共同研究報告書』国立極地研究所、175-176頁

山野井　徹 1994「花粉（パリノモルフ）分析法」『花粉学事典』(日本花粉学会編)、360-373頁、東京、朝倉書店

安田喜憲 1980『環境考古学事始』東京、日本放送出版協会

安田喜憲 1988『森林の荒廃と文明の盛衰』東京、思索社

安田喜憲・三好教夫編 1998『図説日本列島植生史』東京、朝倉書店

山田悟郎 1992「ピット1から検出された花粉胞子の構成について」名寄市文化財調査報告書Ⅷ『名寄市日進19遺跡』名寄市教育委員会、27-33頁

吉川昌伸 1999「武蔵野台地東部の溜池遺跡における過去6000年間の植生変遷」『植生史研究』7、47-58頁

米林　仲 1990「花粉分析による植生の空間分布の復元」『植生史研究』5、19-26頁

Anderson, R.Y. 1955 Pollen analysis, a research tool for the study of cave deposits. American Antiquity, 21 : 84-85.

Bryant, V.M., Jr. and Williams-Dean 1975 The coprolites of man. Scientific American232 : 100-109.

Dimbleby, G.W. 1963 Pollen analysis of a Mesolithic site at Addington, Kent. Grana Palynologica 4 : 140-148.

Dincauze, D.F. 2000 Environment Archaeology Principles and Practice. Cambridge University Press.

Erdtman, G. 1969 Handbook of Palynology. Munksagaard, Copenhagen.

Faegri, K. and Iversen, J. 1989 Textbook of Pollen Analysis. 4 th Edition. Munksagaard, Copenhagen.

Guo, T., Minaki, M. Tsuji, S. and Ueda, Y. 1997 Pleovegetation in relation to human activities around the Yoshinogari site, northern Kyushu Island, Japan. Japanese Journal of Historical Botany 5 : 3 -14.

Hibino, K. 1968 Fossil and air-borne pollen in relation to the living vegetation in Mt.Hakkoda. Ecological Review17 : 103-108.

Iversen, J. 1941 Land occupation in Denmark's stone age. Denmarks Geologiske Undersogelse 2 : 1 -67.

Matsushita, M. 1985 The behavior of streamborne pollen in the Kako River, Hyogo Prefecture, western Japan. The Quaternary Research24 : 57-61.

Matsushita, M. & Sanukida, S. 1986 Studies on the characteristic behavior of pollen grains and spores in Lake Hamana on the Pacific coast of central Japan. The Quaternary Research25 : 71-79.

Moor, P.D. & Webb, J.A. 1978 an illustrated guide to Pollen Analysis Hodder and Stoughton.

Moor, P.D., Webb, J.A. & Collinson, M.E. 1991 Pollen Analysis.

Blackwell Scientific Publications, Oxford.

Pearsall, D.M. 1989 Paleoethnobotany A Handbook of Procedures. Academic Press, USA.

Saito, H. & Takeoka, M. 1985 Pollen production rates in a young japanese red pine forest. Japanese Journal of Ecology. 35:67-76.

Sears, P.B. 1932 The archaeology of environment in eastern North America. American Antiquity, 34:610-622.

Schiffer, M.B. 1983 Advance in Archaeological Method and Theory Vol. 6 Academic Press, USA.

Traverse, A 1988. Paleopalynology. Unwin Hyman, Boston.

Troels-Smith, J. 1960 The Muldbjerg dwelling place : an early Neolithic archaeological site in the Aamosen bog, west Zealand, Demmark. Smithonian Institution Report for 1959:577-601.

Tsukada, M. 1966a Late Pleistocene vegetation and climate in Taiwan (Formosa), Proc. Nat. Acad. Sci. 55;543-548.

Tsukada, M. 1966b Late postglacial absolute pollen diagram in Lake Nojiri. The Botanical Magazine, 79:179-184.

Tsukada, M. 1967 Vegetation and climate around 10, 000B.P. in central Japan. American Journal of Science. 265:562-585.

Tsukada, M. and Deevey, E.S. 1967. Pollen analyses from four lakes in the southern Maya area of Guatemala and Elsalvador. Quaternary Paleoecology, (eds. Cushing and Wright) New Haven. Yale University Press. 303-333.

West, R.G. 1973 Introduction. Quaternary Plant Ecology (eds. Birks, H.J.B. and West, R.G.), 1-3, Blackwell Sci. Pub., London.

West, R.G. 1977 Pleistocene Geology and biology. Longman, London.

Yasuda, Y. 1978 Prehistoric environment in Japan. Palynological approach. The Science Reports of the Tohoku University. 7 th series (Geography) 28：117－281.

周昆叔 1963「半坡新石器時代遺址的孢粉析」『西安半坡』付録 3．中国科学院考古研究所・陝西省西安半坡博物館編

王开发・徐 馨 1988『第四纪孢粉学』貴州人民出版社

お わ り に

『満月の百年』(立松和平・文／坪谷令子・絵、河出書房新社)という絵本がある。絵を描いたのは、私の友人だ。舞台は南の島、津波の恐ろしさと、それを乗り越えて生きてきた先祖たちのことを村の長老が子供たちに語り継ぐというお話だが、彼女は、沖縄石垣島を襲った明和の大津波をその物語に想定して取材することにした。さて、文章では津波の様子や村人の生活が生き生きと記されているのだが、それを絵で表現するためには大変な労力が必要なのである。現地の地形を確認することから始まり、珊瑚礁の海を潜り津波石を観察し、民俗資料館や図書館を回り、島の古老の話を伺う。また、地震学の研究者に直接教えを請い、関連する本や写真、ビデオなどを借り、津波について勉強する。そうして、できあがった絵本は、その取材の成果が随所に生かされていた。たとえば、村人の一家が食事をする場面では、家の骨組みや壁などの様子から、茶碗、箸にいたるまで、また家族の座る位置や男女・年齢による衣服、髪型の違いまでも、沖縄のしかも八重山の二百年近い前の暮らしのものなのだ。

安田喜憲氏は『環境考古学事始（NHKブックス）1980』のなかで「原風景」という言葉を用い、「古代の人々はどんな森を見て、どんな風景の中で生活していたのか。このことを明らかにするには、過去の森の姿と人間の文化・生活のあり方がで

きるだけ正しく復元されなければならない。原風景の復元にはさまざまの作業が要求され、自然科学と人文科学にまたがる広範囲な知識と技術が必要である」と述べ、旧石器時代以降の各時代の原風景画を掲載している。この原風景画はかなり大胆に描かれたものであったが、われわれにひとつのイメージを与えてくれた。現在では、考古学と自然科学に携わる多くの研究者の努力によってその知識も技術も大きな進歩をとげ、より科学的に遺跡とその周辺の生態系が復原されるようになり、生活の実態が明らかになってきた。たとえば、青森県三内丸山遺跡や鹿児島県上野原遺跡をはじめとする縄文時代の大規模集落の調査によって、東北日本を中心とする原始的な狩猟・採集中心の生活といわれていた縄文時代に対する時代観が一変した。それは、火山噴出物の同定、高精度の年代測定やDNA分析などの最新の科学技術の導入にもよるが、考古遺跡発掘担当者と周辺の研究者の問題意識の持ち方ときめ細かな調査によるものと思われる。

　文献記録のない時代の環境復元、文章では表現できることも、絵にしようと思えば曖昧なことだらけである。もちろん、考古学にも自然科学にも限界があるが、まずは、「何が知りたいのか」、「その目的は？」という目的意識を発掘担当者がはっきりともち、そして、他分野の研究者と現場をともにして発掘を進める。これが本来の姿ではないだろうか。今の時代、そんな時間も予算もないかもしれない。理想なのかもしれないが、私たちの祖先が生きてきた姿を明らかにし、将来の子供たちの環境

を守るためにも、丁寧な発掘調査があってもよいのではないだろうか。この書がそんな発掘の指針の一部になれば幸いである。

　本書を刊行するにあたり、奈良文化財研究所埋蔵文化財センター松井章氏には多くの有意義なアドバイスをいただいた。故中西哲先生（神戸大学植物生態学教授）、亡夫松下勝（兵庫県埋蔵文化財調査事務所）には、文化財との接点を与えていただいた。前田保夫氏（兵庫県立大学客員教授）には花粉分析の手ほどきやフィールドワークの方法などをご教示いただき、研究生活の中で、さまざまな力となっていただいた。また、本文中には先学者の文献や研究者仲間をはじめ多くの方々の情報を引用させていただいた。そして、兵庫県、神戸市をはじめ多くの発掘担当者の方々には多大な協力と援助をいただいた。ここに、深く感謝申し上げたい。本書作成にあたっては煩雑な作業をしていただいた同成社の皆様に、心よりお礼申し上げる。

　2004年7月

松下まり子

■著者略歴■

松下まり子（まつした・まりこ）

1948年　神戸市生まれ。
1966年　兵庫県立長田高校卒業。
1970年　神戸大学教育学部卒業。
1970年　神戸大学教養部生物学教室文部技官。
1988年　理学博士（大阪市立大学）。
1992年　神戸大学大学教育研究センター。
現　在　『人と森の研究室』代表。独立行政法人奈良文化財研究所埋蔵文化財センター客員研究員。

〈主要著書・論文〉
『第四紀試料分析法』東京大学出版会、1993年（共著）。『風土記の考古学2 播磨風土記の巻』同成社、1994年（共著）。『揖保川町史第3巻』兵庫県揖保郡揖保川町、2001年（共著）。『環境考古学マニュアル』同成社、2003年（共著）。「日本列島太平洋岸における完新世の照葉樹林発達史」第四紀研究31、375－387、1992年。「江戸時代以降の神戸市太山寺境内林の来歴」植生史研究5、77－83、1997年。「大隅半島における鬼界アカホヤ噴火の植生への影響」第四紀研究41、301－310、2002年。ほか多数。

考古学研究調査ハンドブック①
花粉分析と考古学

2004年10月10日発行

著者 松下 まり子
発行者 山脇 洋亮
印刷者 亜細亜印刷㈱

発行所 東京都千代田区飯田橋4-4-8
    東京中央ビル内   ㈱同成社
    TEL 03-3239-1467 振替 00140-0-20618

©Matsushita Mariko 2004 Printed in Japan
ISBN 4-88621-303-0 C3321